미라클 화학
|개념편|

미라클 화학

ⓒ 이희나 2016

초판 1쇄	2016년 2월 22일		
초판 2쇄	2019년 11월 22일		

지은이	이희나		

출판책임	박성규	펴낸이	이정원
편집주간	선우미정	펴낸곳	도서출판 들녘
편집	박세중·이수연	등록일자	1987년 12월 12일
디자인	한채린·김정호	등록번호	10-156
마케팅	김신	주소	경기도 파주시 회동길 198
경영지원	김은주·장경선	전화	031-955-7374 (대표)
제작관리	구법모		031-955-7381 (편집)
물류관리	엄철용	팩스	031-955-7393
		이메일	dulnyouk@dulnyouk.co.kr
		홈페이지	www.dulnyouk.co.kr

ISBN	979-11-5925-130-6(43430)	CIP	2016002596

이 도서의 국립중앙도서관 출판예정도서목록(CIP)은 서지정보유통지원시스템 홈페이지(http://seoji.nl.go.kr)와 국가자료공동목록시스템(http://www.nl.go.kr/kolisnet)에서 이용하실 수 있습니다.

미라클 화학

|개념편|

이희나 지음

들녘

열심(熱心)에 열정(熱情)을 더하여!

과학 교사, 그것도 남들이 그 어렵다고 말하는 '화학 교사'로서 이 책을 쓰기 까지 참 많은 일을 경험해왔습니다. 그런데 화학은 쉽게 쓸 수 있지만 화학의 세계로 가는 안내문 격인 이 공간에서는 무슨 말을 어떻게 풀어야 할지 막연하기만 합니다. 거창한 문장을 나열하기도 우습고, 기교를 부린 단어들로 채우기도 민망하네요.

고민 끝에 이 책을 처음 열게 된 17세의 아이들에게, 또 그들의 부모님들에게, 혹은 아이들을 가르치는 과학 교사들에게 꼭 해주고 싶은 말을 적기로 했습니다. 바로 '열심(熱心)'입니다. 국어사전을 보면 열심은 '하는 일에 마음을 다해 힘씀'이라고 나와 있습니다.

지금 여러분은 과연 '열심히' 살아가고 있나요? 이 문장을 적으며 제 자신도 돌아보게 되었습니다. 어렸을 땐 열심히 뛰어놀았고, 중고등학교 시절엔 급작스레 어려워진 가정 형편으로 잠시 방황(?)의 시기도 거쳤지만,

막내딸로서 부모님께 드릴 수 있는 작은 보답은 '공부'라고 생각했기에 공부도 열심히 했습니다. 대학 시절에는 천주교 주일학교 교리 교사 활동을 했고, 과외 교사로서도 학생들을 참 열심히 가르쳤습니다. 요즘으로 치면 특정 지역에서 나름 유명한 '○○○ 이 선생'으로 이름을 날렸달까요?

젊은 시절, 연애도 공부도 열심히 하면서 시간이 흘러 교사가 되었습니다. 교사가 된 후에도 정말 열정적으로 아이들을 가르쳤습니다. "교사의 한 번의 수고로움은 아이들 100명을 웃게 할 수 있다"는 나름의 철학을 가지고 실험실과 교무실을 종횡무진 오고 갔지요. 고3 담임을 계속하면서 수능에서 점수를 제대로 받지 못하는 아이들을 지켜보며, 어떻게 해야 아이들이 좋은 결과를 이룰 수 있을지, 그 방법을 찾아주고 싶었습니다.

교육청과 평가원 출제위원에 지원 서류를 냈고, 2006년부터 출제를 시작하면서 아이들을 가르치는 방법 속에 평가의 원리를 녹여낼 수 있게 되었죠. 그렇게 하루하루 열심히 수업을 하던 어느 날, 한 아이가 제게 와서 교육방송 수능 강사를 해보라고 하더군요. 당시 교육방송은 모두 ○○대 출신이었기에 감히 어떻게 도전할 수 있을까 걱정도 되었지만, 첫 카메라 테스트에서 왠지 모를 배짱이 생겼습니다. '나의 아이들이 나를 최고로 잘 가르친다고 말해주는 걸!' 떨어져도 상관없다는 생각이 들면서 더 자신감이 생겼습니다. 그리고 바로 합격! 그렇게 EBS와 함께 12년이라는 세월이 흘렀습니다. 그동안 열심히 했는가에 대해 찬찬히 돌아보니 바빴지만 즐거웠던 기억이 많아요. 50분 녹화를 위해 10일 전 녹화 원고를 쓰고, 5번씩 원고를 외워 가장 알아듣기 쉬운 단어로 48분 30초가량 강의를 진행했습니다. 그 시간들을 돌아봤을 때 단 한 번도, 그 어떤 강의도 소홀히 하거나 대충하지 않았다고 자부합니다.

물론 학교에서의 생활도 절대 놓쳐서는 안 될 제 일이었습니다. 과학고라는 특수성 때문에 매해 새로운 주제를 잡아 아이들의 연구 활동을 지도해야 했죠. 또 그 연구 결과를 바탕으로 과학전람회를 비롯한 다양한 대회도 준비시켜야 했습니다. 게다가 일반고에서 다루지 않는 전공 심화 서적도 공부해서 가르쳐야 했기에 누구보다 시간을 아껴 써야 했죠. 학교에서 아이들을 가르치는 일도 열심히 했고, 동료 선생님들과의 회식도 열심히 참여했어요. 좋은 선후배 교사들끼리의 즐거운 만남이었으니까요!

지금 이 순간, 글을 쓰면서 다시 한 번 제 자신에게 물어봅니다. "이희나 선생, 그대는 열심히 하는 교사입니까?" 저는 아이들에게 부끄럽지 않은 교사이고 싶습니다. 또한 아이들에게 자랑스러운 교사이고 싶습니다. 그래서 오늘도, 쉼 없이 다시 뛰고자 합니다. 열심(熱心)에 열정(熱情)을 더하여서 말이죠.

여러분도 열심에 열정을 더하여 살아가길 기원합니다. 현재에 주어진 상황은 저마다 다르지만 무엇이든 최선을 다해 열심히 임한다면 원하는 꿈을 꼭 이루어낼 수 있을 거예요!

마지막으로 이 책을 예쁘게 만들어주신 선우 실장님, 구소연 에디터 그리고 들녘의 모든 식구들께 감사드리며, 제가 화학을 글로 잘 쓸 수 있도록, 또 말로 잘 전달할 수 있도록 낳아주신 엄마께 깊은 감사의 마음을 전합니다. 또한 누구보다 든든한 제 가족들과 친구들, 그리고 제 강아지들 우용과 시유에게 고마움을 전합니다.

Contens

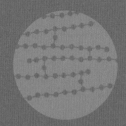

1

인류 역사의 시작,
화학 반응

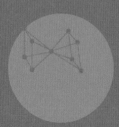

인류, 불씨를 얻다!

인류가 이용한 최초의 화학 반응은 무엇일까요? 타임머신을 타고 약 180만~30만 년 전 과거로 돌아가봅시다. 그곳에는 호모에렉투스(Homo Erectus)가 살고 있었어요. 호모에렉투스는 직립 원인(原人)이라는 뜻으로 유인원과 현생 인류의 중간 단계쯤 되는 인류인데요. 직립 보행이 가능했던 이들에 의해 불이 처음 사용되었답니다.

성냥도, 라이터도 없던 시대에 이들은 어떻게 불을 사용할 수 있었을까요? 인류 초기에는 화산 폭발, 번개, 바람에 의한 나무의 마찰 등 자연적으로 발생한 불을 이용했어요. 시간이 지나면서 인위적으로 마찰을 일으켜 불씨를 얻는

인류가 불씨를 얻는 모습

방법을 터득하게 된 인류는 적재적소에 불을 이용하면서 많은 혜택을 누리게 되었지요.

먼저 불을 지펴 추위와 짐승으로부터 몸을 보호할 수 있게 됐고, 음식을 불에 익혀 먹으면서 음식물의 부패나 전염병의 위협으로부터 벗어날 수 있었습니다. 자연스럽게 단백질 섭취 효율이 상승하면서 인류의 건강 상태도 훨씬 증진되었죠.

불을 이용해 농경지를 개간하고, 곡물을 저장할 수 있는 토기를 제작하기도 하는 등 생활 방식에도 변화가 생겼습니다. 그 뿐인가요? 불을 이용하여 광석으로부터 구리, 철 등의 금속을 추출할 수 있게 되었어요. 이는 청동기와 철기 문명이 시작되는 계기를 마련해주었답니다.

이처럼 인류는 불을 이용하게 되면서 자연 환경을 극복하고 문명사회를 건설하게 되었습니다. 물질을 탐구하는 화학의 서막이 불꽃처럼 타오르기 시작한 것이죠.

철의 시대가 열리다

불을 이용하게 된 인류는 우연히 뜨겁게 달구어진 광석으로부터 금속을 얻게 됩니다. 이때부터 지각 매장량이 두 번째로 풍부한 금속인 철을 사용하게 되었죠. "선생님, 철기 시대 이전에는 청동기 시대였잖아요? 그럼 지각 매장량이 가장 많은 금속은 구리인가요?" 글쎄요. 지각 매장량이 가장 풍부한 금속은 알루미늄입니다. 구리는 철보다 매장량이 적어요. 하지만 구리가 먼저 사용된 이유는 구리의 녹는점이 철에 비해 낮고 자연 상태에서 쉽게 얻을 수 있었기 때문이지요. 반면 철은 철광석 속 산화 철(Fe_2O_3, Fe_3O_4)의 상태로 존재하다 보니 이를 제련[1]하여 금속을 얻는 과정이 비교적 까다로워 청동기가 철기보다 인류 역사에 먼저 등장하게 되었답니다.

한편 철은 강도(剛度)가 커서 기계, 운송 수단, 건축물 등 다양한 분야에서 기초 재료로 이용되고 있는데요. 인류의 역사에 있어 철은 농기구의 발달을 끌어냈고, 덕분에 농업 생산성이 크게 향상될 수 있었으므로 공적이 매우 크다고 할 수 있지요. 뿐만 아니라 철의 대량 생산이 이루어지면서 강철 레일, 강철 바퀴의 생산이 가능해졌고 이는 교통수단의 발전에 혁명을 불러일으켰습니다. 철의 발견으로 인류 문명의 전 분야가 획기적으로 발전되었다고 해도 과언이 아니죠.

---

1) 광석을 용광로에 넣고 녹여서 함유한 금속을 분리 · 추출하여 정제하는 일

철의 대량 생산이 이루어지는 제철소의 모습

부족을 해결한 암모니아 합성

인류가 찾아낸 또 하나의 중요한 화학 반응으로는 암모니아(NH₃)[2]의 합성을 꼽을 수 있습니다. 공기 중의 78%를 차지하는 질소(N₂)는 생물체 내에서 단백질, 핵산 등을 구성하는 주요 원소이지만 매우 안정한 물질이므로 대부분의 생명체가 직접 이용할 수는 없는데요. 우선 대기 중의 질소가 어떻게 생명체와 연관이 있는지 그림을 통해 확인해보겠습니다.

왜 그럴까?

질소 분자(N₂)는 질소 원자(N) 사이의 3중 결합으로 형성된 분자(N≡N)로서 분자 내 원자 사이의 결합력이 비교적 강한 편입니다. 따라서 이렇게 안정된 상태에서는 원소나 화합물이 화학 변화를 쉽게 일으키지 않거나 반응 속도가 매우 느리게 나타납니다.

공기 중의 질소(N₂)는 번개나 콩과 식물의 뿌리혹박테리아[3]에 의해 암모늄 이온(NH₄⁺)이나 질산 이온(NO₃⁻)으로 전환되어 식물이 흡수할 수 있는 형태로 바뀌게 됩니다. 식물은 이를 흡수한 후 단백질을 합성하게 되죠. 이때 동물은 식물이 합성한 단백질을 섭취하게 되는데요. 한마디로 공기 중 질소의 일부가 생물이 사용할 수 있는 형태로 고정된 것으로 볼 수 있습니다.

---

2) 질소와 수소의 화합물. 자극적인 냄새가 나는 무색의 기체로 물에 잘 녹고 액화하기 쉽다. 질소 비료나 요소 수지를 만드는 데 쓴다.

3) 콩과 식물의 뿌리에 혹을 만들어 식물과 공생하며 공기 중의 질소를 고정하여 식물체에 공급한다. 자연계에서 질소의 순환에 중요한 구실을 한다.

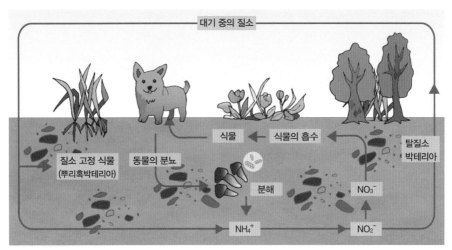

질소 순환

이렇게 생명 활동에 쓰이고 난 질소는 탈질소 박테리아[4]에 의해 다시 공기 중으로 돌아가게 됩니다. 동물의 경우 암모니아나 요소의 형태로 배설물을 내놓게 되는데, 탈질소 박테리아에 의해 배설물이나 사체가 분해되면서 질소 성분을 다시 공기 중으로 내보내게 되는 것이죠.

자, 공기 중의 질소가 생물체가 이용할 수 있는 형태로 전환되었다가 다시 공기 중으로 되돌아가는 과정을 살펴보았는데요. 이러한 과정을 '질소 순환'이라고 합니다.

그런데 이 과정에서 생각해볼 것이 있습니다. 뿌리혹박테리아나 번개에 의한 질소 공급은 매우 적을 수밖에 없겠죠. 그렇기 때문에 식물로부터 단백질 같은 영양소를 흡수하는 데는 한계가 있습니다. 인류는 고민 끝에 식량을 늘리기 위해서 인위적으로 질소 성분을 공급해주기로 했습니다. 풀과 동물의 분뇨를 섞어 퇴비를 만들기 시작했지요. 하지만 퇴비를 사용하는 방법도 19세기 말, 인구

---

4) 질소 가스를 만드는 세균을 통틀어 이르는 말.

가 폭발적으로 증가하면서 대두된 식량 문제 앞에서는 고개를 숙일 수밖에 없었어요.

과학자들은 어떻게 하면 공기 중의 질소로부터 화학 비료를 개발할 수 있을지 고민했습니다. 그러다 1908년 독일의 과학자인 하버(Habor, F. 1868~1934)가 수많은 시행착오를 거쳐 질소와 수소로부터 암모니아를 합성하는 방법을 개발하게 되지요. 또한 이를 공업화하기 위해 1909년 보슈(Bosch. C. 1874~1940)와 협력하여 하버-보슈 공정을 내놓음으로써 질소 비료의 대량 생산이 이루어질 수 있었습니다. 급격한 인구 증가에 따른 식량 부족 문제를 해결하는 데 결정적 역할을 하게 된 것이죠.

 연료의 빛과 그림자

인류에게 발전을 안겨준 화학의 역사에 화석 연료의 이용이 빠질 수 없습니다. 화석 연료는 생물의 사체가 오랜 시간 동안 땅속에서 높은 압력과 열을 받아 형성된 것인데요. 주성분은 탄소와 수소이며 석탄은 주로 육지에서, 석유는 주로 바다에서 생성되었습니다. 이러한 탄화수소 계열의 연료는 산소와 반응하면서 많은 열을 발생시키기 때문에 에너지원으로 이용할 수 있는데요. 18~19세기에는 석탄이 중요한 연료로서 증기 기관차나 선박에 사용되었고, 20세기 이후에는 석유가 자동차와 항공기의 연료, 그리고 산업 에너지원으로 사용되었습니다.

화석 연료의 이용은 산업 혁명과 교통 혁명을 가져옴으로써 인류의 삶의 질을 개선해주었는데요. 빛에는 항상 그림자가 따라오는 법. 발전의 이면에는 화

화석 연료를 채취하는 모습

화석 연료의 사용은 인류 문명의 발전을 선물했지만 지구를 병들게 하고 있다.

석 연료 과다 사용으로 인해 연소 과정에서 발생된 이산화 탄소 문제가 대두되고 있습니다. 지구 온난화의 주범으로 불리는 이산화 탄소의 배출량이 증가하면서 최근 이상 기온 현상 등 환경 문제가 심각하게 대두되고 있는 실정이죠.

지금까지 불과 철의 이용, 질소 비료인 암모니아의 합성, 화석 연료의 이용에 대해 살펴보았습니다. 이로써 화학 반응이 인류 문명의 시작과 더불어 공존해왔으며, 화학이 인류의 삶의 질을 개선하고자 끊임없이 노력해온 영역임을 입증해보았습니다. 어때요? 화학과 조금 친해진 기분이 드나요?

미라클 키워드

· 인류 문명의 발전과 함께한 대표적인 화학 반응: 불의 이용, 철의 이용, 암모니아의 합성, 화석 연료의 이용

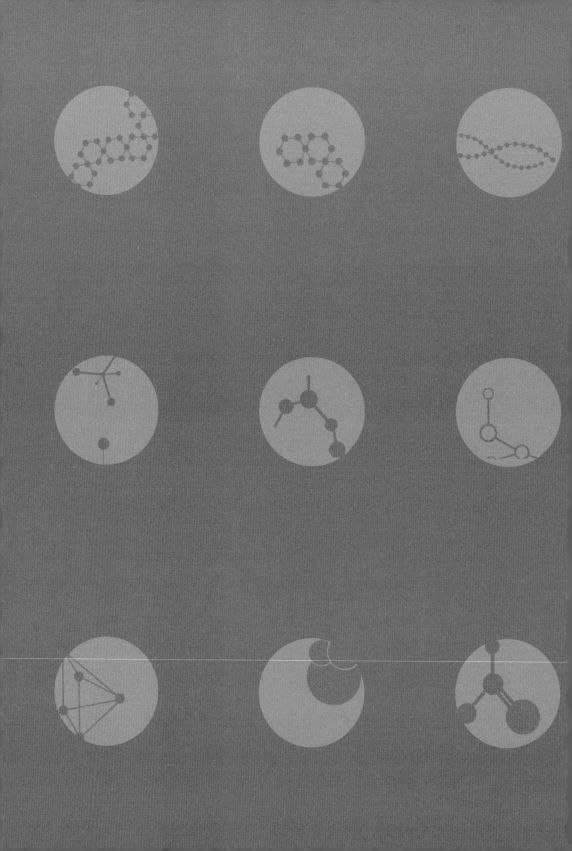

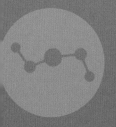

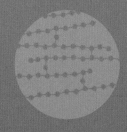

2

화학의 언어

원소와 화합물

광합성과 호흡은 생명체가 살아가는 데 꼭 필요한 화학 반응인데요. 먼저 광합성은 식물이 태양 에너지를 이용하여 이산화 탄소와 물을 영양분인 포도당과 산소로 만들어내는 과정입니다. 호흡은 세포 내에서 포도당이 산소와 반응하여 물과 이산화 탄소를 내놓으며 에너지를 발생시키는 활동이죠. 즉, 식물이 광합성을 통해 빛 에너지를 화학 에너지로 저장한다면 생물은 호흡이라는 과정을 통해 생명 활동에 필요한 에너지를 얻는다고 볼 수 있습니다. 이 두 과정을 자세히 살펴보기 전에 화학을 공부할 때 빠지지 않고 등장하는 화학의 언어를 몇 가지 알아볼게요.

물질을 구성하는 가장 기본적인 성분을 우리는 '원소(element)'라고 부릅니다. 우주를 둘러싸고 있는 물질은 엄청나게 많으니까 원소의 개수도 셀 수 없이 많을 것 같지만, 물질을 이루는 원소의 종류는 약 100여 가지뿐이에요. 100가지 원소들이 다양한 조합을 이루며 많은 물질을 구성하게 되는 것입니다.

예를 들어 광합성 과정에서 등장하는 이산화 탄소(CO_2)를 이루는 원소는 탄소(C)와 산소(O)입니다. 물(H_2O)을 이루는 원소는 수소(H)와 산소(O)지요. '원소'라는

식물의 광합성

표현은 다른 물질로 나눌 수 없는 가장 기본적인 물질인 홑원소 물질을 의미하기도 하는데요. 공기 중 78%의 질소(N_2), 21%의 산소(O_2)는 한 종류의 원소만으로 이루어진 순물질에 해당하므로 이들도 원소라고 부릅니다.

그렇다면 서로 다른 원소로 이루어진 물질은 무엇이라고 할까요? 2개 이상의 다른 원소들이 일정한 비율로 구성된 순물질을 '화합물(compound)'이라고 합니다. 앞에서 언급한 이산화 탄소(CO_2)와 물(H_2O)은 모두 각각 서로 다른 원소로 이루어진 화합물에 해당하지요.

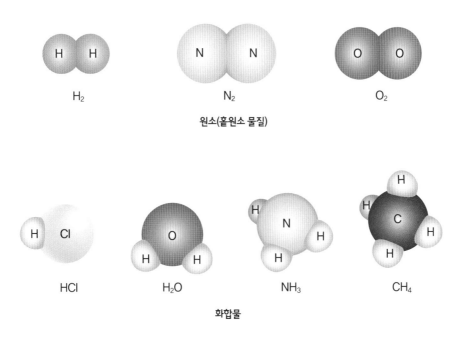

원소(홑원소 물질)

화합물

원자와 분자

'원자(atom)'는 무엇일까요? 원소와 이름이 비슷해서 혼동하기 쉬운데요. '원자'란 물질을 구성하는 가장 작은 입자를 뜻합니다. 원소가 주로 '성분'이나 '성질'을 뜻하는 용어라면 원자는 주로 '입자'의 의미로 사용되지요.

이산화 탄소(CO_2)의 경우 탄소(C) 원자 1개와 산소(O) 원자 2개로 구성되었으므로 이 물질을 구성하는 총 원자 수는 3개, 구성하는 원소의 종류는 2개가 됩니다. 물(H_2O)은 수소(H) 원자 2개와 산소(O) 원자 1개로 총 원자 수는 3개, 원소의 종류는 2개로 이루어진 화합물이 되겠죠.

이때 **물질의 고유한 성질을 지닌** 가장 작은 입자를 '분자'라고 하는데요. 이산화 탄소(CO_2)나 물(H_2O)은 화합물인 동시에 분자이기도 한 것이죠. 분자에는 헬륨(He), 네온(Ne) 등과 같이 원자 1개로 존재하면서 물질의 고유한 성질을 지니는 1원자 분자도 있으며, 산소(O_2), 수소(H_2) 등과 같이 원자 2개로 이루어진 2원자 분자도 있답니다.

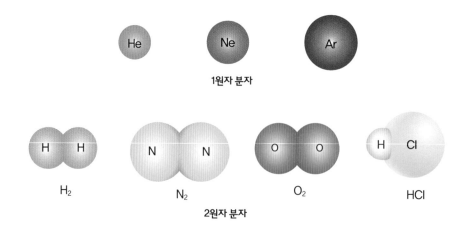

He   Ne   Ar

1원자 분자

H H   N N   O O   H Cl

H_2 N_2 O_2 HCl

2원자 분자

"분자의 정의대로라면 모든 물질은 고유한 성질을 지니니까 세상에 존재하는 모든 물질은 분자가 아닐까요?" 그렇지 않습니다. 소금을 예로 들어볼게요. 소금, 즉 염화 나트륨($NaCl$)은 염화 이온(Cl^-)과 나트륨 이온(Na^+)으로 구성된 이온 결합 물질인데요. 이때 소금은 특정 독립체로 있지 않고, 양이온과 음이온이 무한 반복된 형태로 존재하기 때문에 '분자'로 꼬집을 특정 양이온과 음이온, 각각 1개씩을 지칭할 수 없으므로 '분자'라는 용어를 사용할 수 없답니다. 따라서 이와 같은 경우에는 일반적으로 화합물이라는 용어를 사용하고 분자라고 칭하지 않는 것이죠.

염화 이온
나트륨 이온

소금(염화 나트륨) 결정 구조

자, 이제 광합성과 관련된 화학 반응식에 등장하는 각 물질을 살펴보면서 배운 내용을 적용해봅시다.

$$6CO_2 + 6H_2O \xrightarrow{\text{빛}} C_6H_{12}O_6 + 6O_2$$

이산화 탄소　　　물　　　　　　　　　　포도당　　　산소

광합성 과정에서는 이산화 탄소(CO_2)와 물(H_2O)이 반응하여 포도당($C_6H_{12}O_6$)과 산소(O_2)가 생기게 되는데요. 여기서 산소(O_2)만 홑원소 물질(원소)에 해당하고, 나머지는 모두 다른 원소로 이루어진 화합물임을 알 수 있습니다. 그렇다면 포도당은 몇 개의 원자로 이루어진 분자일까요? "탄소(C) 원자 6개, 수소(H) 원자 12개, 산소(O) 원자 6개, 총 24개의 원자로 이루어져 있다는 사실!" 잘 알겠죠? 눈으로 셀 수는 없지만 구성 입자 수를 합하면 원자의 개수가 몇 개인지 알 수 있답니다. 이때 포도당을 구성하는 원소의 종류를 물어본다면 "탄소(C), 수소(H), 산소(O)" 3가지를 답하면 되겠죠. 한편 반응물과 생성물은 모두 물질의 고유한 성질을 지닌 분자입니다.

멋지게 풀어요!　[대수능 모의평가]

다음은 인류 문명의 발달에 기여한 화학 반응과 그 화학 반응식이다.

- 암모니아 합성 : $N_2 + 3H_2 \rightarrow 2NH_3$
- 화석 연료 연소 : $CH_4 + 2O_2 \rightarrow CO_2 + 2H_2O$

두 화학 반응식에 있는 원소와 화합물 중 화합물의 종류의 수는?

① 1 　　　　② 2 　　　　③ 3
④ 4 　　　　⑤ 5

정답: ④

주어진 두 화학 반응식에서 두 종류 이상의 원소로 이루어진 순물질을 찾으면 되겠죠? 즉, 화합물은 암모니아(NH_3), 메테인(CH_4), 이산화 탄소(CO_2), 물(H_2O), 이렇게 4가지입니다. 질소(N_2)와 수소(H_2), 산소(O_2)는 홑원소 물질입니다.

원소 기호로 말해요!

지금까지 화학에서 자주 사용하는 용어인 원소와 화합물, 그리고 원자와 분자가 무엇인지 살펴보았습니다. 화학은 매우 작은 입자들을 다루는 학문임을 새삼 깨달았지요? 그런데 이 작은 세계의 다양한 화합물을 어떻게 표현할 수 있을까요? 우리가 쓰는 한글은 자음 14자와 모음 10자로 단어와 문장을 만들어 의사표현을 할 수 있잖아요. 화학에도 한글 같은 언어가 필요하지 않을까요?

화학의 언어, 원소 기호를 맨 처음 생각해낸 사람은 중세의 연금술[5]사들입니다. 그들은 평범한 물질을 이용해 금이나 은 같은 귀금속을 만드는 실험을 진행하면서 그 결과를 비밀리에 기록했는데요. 다른 사람들이 실험 결과가 적힌 양피지를 발견해도 무슨 내용인지 알 수 없도록 자기들만 알아볼 수 있는 그림으로 원소 기호를 그려 표기했지요.

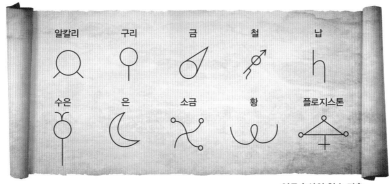

연금술사의 원소 기호

---

5) 납이나 구리 같은 값싼 금속을 은이나 금으로 변화시키려고 시도했던 과학. 근대 화학의 발달에 많은 기여를 했다.

원자 이론을 주장한 존 돌턴(John Dalton, 1766~1788)도 따로 원소 기호를 만들어 사용했답니다. 그는 원자를 둥근 모양으로 생각하고 원을 사용하여 간단하게 표시했어요.

그런데 시간이 지나자 발견되는 원소의 종류가 점차 많아지면서 원소 기호를 나타낸 그림이 갈수록 복잡해지고 알아보기 어려워졌습니다. 이때 스웨덴의 과학자 '베르셀리우스(Jöns Jakob Berzelius, 1779~1848)'가 혜성처럼 등장합니다. 1813년 그는 원소 기호를 문자, 즉 알파벳으로 나타내는 방법을 개발합니다. 지금 우리가 사용하는 원소 표기법이 탄생한 순

돌턴의 원소 기호

간이죠. 베르셀리우스가 없었다면 화학 시간에 복잡한 그림을 그리는 진풍경이 펼쳐졌을 수도 있겠네요.

현재의 원소 기호는 원소 이름의 알파벳 첫 글자를 대문자로 쓰거나, 그 뒤에 가운데 글자 중 하나를 소문자로 함께 쓰는 체계를 사용하고 있습니다. 예를 들어 금(Gold)은 라틴어로 'Auruum'이므로 원소 기호는 'Au'로 표기합니다. 수소는 영어로 'Hydrogen'이므로 'H'를 사용하고, 철은 라틴어로 'Ferrum'이므로 'Fe'를 사용하죠. 이처럼 고대부터 사용되어 온 원소 기호는 대개 라틴어에서 따온 경우가 많습니다. 그 밖에도 발견된 지명, 원료, 천체, 신명(신화에 나오는 이름), 인명 등 그 유래는 매우 다양합니다.

지금까지 알려진 110여 종의 모든 원소는 주기율표에 원소 기호로 표시되어

있는데요. 2010년 2월 19일 독일 중이온과학연구소에서 합성된 112번 원소의 경우 폴란드의 천문학자 '니콜라스 코페르니쿠스(Nicolaus Cpernicus, 1473~1543)'의 이름에서 유래한 '코페르니슘(Cn)'이라는 명칭이 부여되었답니다.

자음과 모음을 조합해 단어를 만드는 것처럼, 원소 기호와 숫자를 이용해 화학식을 꾸밀 수 있어요. 화학식은 화합물을 구성하는 원자의 종류와 개수를 나타내는데요. 물은 수소(H) 원자 2개와 산소(O) 원자 1개로 이루어져 있으므로 H_2O라고 씁니다. 이산화 탄소는 탄소(C) 원자 1개와 산소(O) 원자 2개로 이루어져 있으므로 CO_2라고 표기하지요.

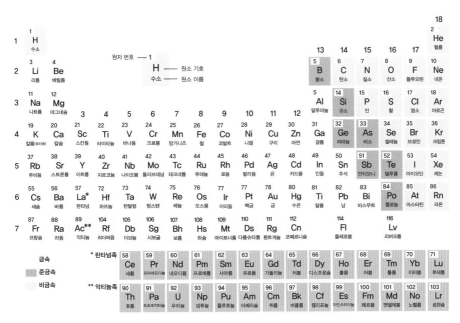

주기율표

원자와 분자, 몸무게를 밝혀라

눈에 보이지 않고, 느껴지지도 않는 작은 원자도 무게가 있을까요? 있다면 그 무게는 어떻게 잴 수 있을까요? 수소(H) 원자 1개의 질량은 0.000000000000000000 00000168g(1.68×10^{-24}g)이고 산소(O) 원자 1개의 질량은 0.0000000000000000000000 0266g(2.66×10^{-24}g)인데요. "영쩜영영영…" 읽기 힘들 정도로 작죠? 이처럼 원자의 질량은 매우 작아서 실제 질량을 그대로 사용하는 것은 너무 불편합니다. 그래서 똑똑한 과학자들은 상대적 질량을 이용하여 원자의 질량을 훨씬 간단하게 표현하는 방법을 생각해냈어요. 어떤 원자의 질량을 기준으로 정한 후, 다른 원자의 질량이 기준의 몇 배인지 계산하여 표기하는 것이죠.

구분	수소(H)	산소(O)
상대적 질량비	탄소(C) 원자 1개 / 수소(H) 원자 12개	탄소(C) 원자 4개 / 산소(O) 원자 3개
원자량	1 (12×1개 = 1×12개)	16 (12×4개 = 16×3개)

수소와 산소의 상대적 질량비와 원자량

왜 그럴까?

탄소의 원자량이 12이므로 탄소 원자 1개의 질량과 수소 원자 12개의 질량이 같다면 수소의 원자량은 1이 됩니다. 또한 탄소 원자 4개의 질량과 산소 원자 3개의 질량이 같으므로 산소의 원자량은 16이 되지요.

이때 기준이 되는 원자는 '탄소(C)'인데요. 탄소(C)의 질량을 12로 정하고, 이를 기준으로 환산한 원자들의 상대적인 질량을 '원자량'으로 다룹니다. 상대적인 질량인 만큼 단위는 생략되지요. 왜 하필 '탄소'냐고요? 과학자들은 수소(H)나 산소(O)를 기준으로도 삼아보았습니다. 다양한 방식으로 적용해보았을 때 상대적인 질량비로 가장 적합한 원소가 탄소였기 때문에 이를 기준으로 정하게 된 것이죠.

다음 표는 몇 가지 원소의 상대적인 몸무게인 원자량을 나타낸 것입니다.

원소	탄소(C)	수소(H)	산소(O)	질소(N)
실제 질량 (g/개)	1.99×10^{-23}	1.67×10^{-24}	2.66×10^{-23}	2.33×10^{-23}
질량비	1	$\dfrac{1}{12}$	$\dfrac{4}{3}$	$\dfrac{7}{6}$
원자량	12	1	16	14

몇 가지 원소의 실제 질량과 원자량

그렇다면 두 개 이상의 원자가 결합하여 이루어진 분자들의 무게는 어떻게 구할 수 있을까요? 분자의 실제 질량 역시 너무 작기 때문에 그대로 사용하기 불편할 텐데요. 우리는 방금 원자량에 대해 배웠습니다. 이를 활용해서 구해보도록 하죠.

'분자량'은 분자를 구성하는 모든 원자들의 원자량을 합하면 되는데요. 앞에서 언급한 광합성과 호흡 과정에 등장하는 분자들의 분자량을 살펴봅시다. 이

산화 탄소(CO_2) 분자 1개는 탄소(C) 원자 1개와 산소(O) 원자 2개로 이루어져 있으므로 분자량은 '12×1 + 16×2'로 44가 됩니다.

물(H_2O)의 분자량도 구해볼까요? 물은 수소(H) 원자 2개와 산소(O) 원자 1개로 이루어져 있으므로 '1×2 + 16×1'로 18이 됩니다. 분자량도 상대적 질량에 해당하므로 단위는 생략되지요.

그렇다면 상온에서 분자 상태로 존재하지 않는 염화 나트륨(NaCl)이나 삼산화 이철(Fe_2O_3)[6] 등의 경우에도 '분자량'이란 용어를 사용할 수 있을까요? 이 화합물들도 분명 몸무게가 나갈 텐데 '분자'라고 칭하지 않으니 '분자량'이라는 말 대신 다른 용어를 쓰겠죠?

물질	염화 나트륨	다이아몬드	철
화학식	NaCl	C	Fe
구조			양이온　자유 전자
화학식량	23+35.5 = 58.5	12.0	55.8

염화 나트륨, 다이아몬드, 철의 화학식량

이온 결합 물질이나 금속, 그리고 다이아몬드와 같이 분자로 존재하지 않는

---

6) 철의 질산염이나 수산화물 따위를 공기 중에서 구우면 얻어지는 적색의 결정성 가루. 적철석에서 천연으로 얻기도 한다.

물질의 무게는 '화학식량' 또는 '실험식량'이라고 칭해요. 이때 분자량을 구하는 것과 마찬가지로 화학식을 이루는 원소들의 원자량을 합해주면 되지요. 따라서 염화 나트륨(NaCl)의 화학식량은 나트륨(Na)과 염소(Cl)의 원자량을 각각 합한 58.5(=23 + 35.5)가 되고 삼산화 이철(Fe_2O_3)의 화학식량도 철(Fe) 원자량의 2배와 산소(O) 원자량 3배를 각각 합한 159.6(=55.8×2 + 16×3)으로 구하면 됩니다.

멋지게 풀어요! [전국연합학력평가]

그림은 같은 온도와 압력에서 각 용기에 수소, 산소, 이산화 탄소 기체를 같은 분자 수가 되도록 채운 것을 모형으로 나타낸 것이다.

(가) 수소   (나) 산소   (다) 이산화 탄소

(가)~(다)에 대한 설명으로 옳은 것만을 〈보기〉에서 있는 대로 고른 것은?
(단, 원자량은 H=1, C=12, O=16이다.)

〈보기〉
ㄱ. 세 기체 모두 홑원소 물질이다.
ㄴ. (가)와 (나)의 밀도비는 1 : 8이다.
ㄷ. (다)는 (가)보다 원자 수가 많다.

① ㄱ   ② ㄷ   ③ ㄱ, ㄴ   ④ ㄴ, ㄷ   ⑤ ㄱ, ㄴ, ㄷ

정답: ②

(가)는 수소 기체, (나)는 산소 기체, (다)는 이산화 탄소 기체인데요. 각 분자를 화학식으로 써보면 H_2, O_2, CO_2입니다. 따라서 수소와 산소만 홑원소 물질에 해당하고, 이산화 탄소는 서로 다른 2가지 원소로 이루어진 화합물이지요.

또 같은 수만큼 같은 부피의 공간에 들어 있으므로 밀도 비는 질량 비가 되는데요. 이때 분자들의 상대적 질량이 분자량에 해당하므로 질량 비는 분자량의 비로 구할 수 있습니다. 따라서 각 분자량은 원자량을 합하면 되므로 2(=1×2), 32(=16×2), 44(=12 + 16×2)가 됩니다. 즉 (가)와 (나)의 밀도비는 1:8이 아닌 1:16이 되지요.

마지막으로 (가)와 (나)는 원자 2개로 이루어진 2원자 분자인데 반해 (다)는 원자 3개(탄소 원자 1개, 산소 원자 2개)로 이루어져 있으므로 원자 수는 (다)가 가장 많다는 사실을 확인할 수 있습니다.

미라클 키워드

· 원소: 물질을 구성하는 가장 기본적인 성분

· 홑원소 물질: 한 종류의 원소만으로 이루어진 순물질(O_2, H_2, Cl_2 등)

· 화합물: 두 종류 이상의 원소로 이루어진 순물질(H_2O, CO_2, NH_3 등)

· 원자: 물질을 구성하는 가장 작은 입자

· 분자: 물질의 고유한 성질을 지닌 가장 작은 입자

· 원자량: 질량수가 12인 ^{12}C원자의 질량을 12.00으로 정하고, 이를 기준으로 환산한 원자들의 상대적 질량으로 단위가 없음

· 분자량: 분자를 구성하는 모든 원자들의 원자량을 더한 값으로 분자의 상대적 질량이므로 단위가 없음

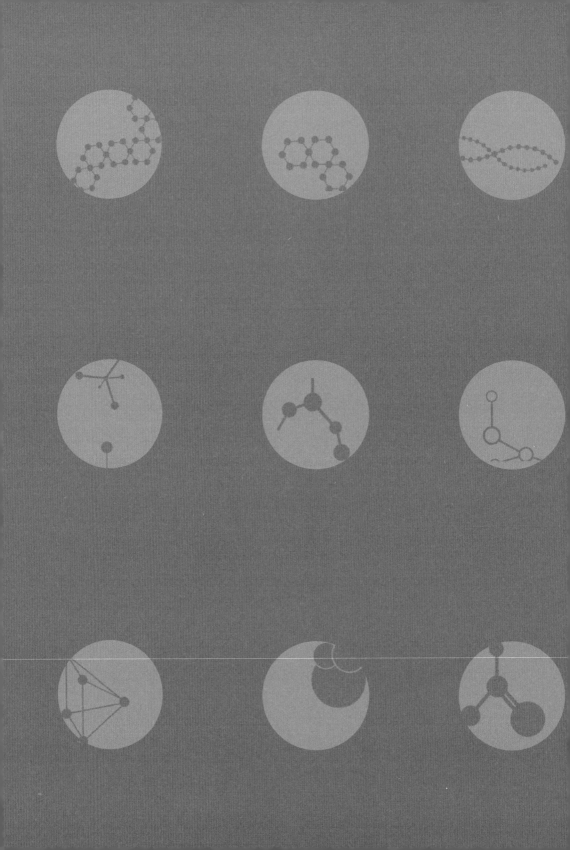

3

미시 세계의 양,
몰

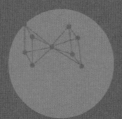

어마하게 큰 수, 아보가드로수

여러분의 몸무게는 얼마인가요? 특급비밀이라고요? 그래도 두 자리, 혹은 세 자리 수 중 하나로 쉽게 말할 수 있고, 우리에게 익숙한 숫자일 텐데요. 이와 달리 지난 강에서 배운 원자의 몸무게는 조금 낯설었을 거예요.

지난 시간에 수소(H) 원자 1개의 무게는 0.00000000000000000000000168g $(1.68 \times 10^{-24}g)$, 산소(O) 원자 1개의 무게는 0.0000000000000000000000266g$(2.66 \times 10^{-23}g)$이라고 했는데요. 이 값들은 너무 작고 사용하기도 불편해서 과학자들이 어떻게 하면 간단하게 표기할 수 있을지 고민했었죠. 그 결과 탄소(C)의 원자량을 12로 두고, 그것을 기준으로 상대적 질량인 '원자량'을 구해 사용하기로 했잖아요. 또한 분자를 구성하는 모든 원자들의 원자량을 더한 값으로 '분자량'을 정했고요. 여기서 절대 잊으면 안 되는 사실은 그 값들이 실제 질량이 아니라는 것입니다.

원자나 분자들은 매우 작고 가벼워서 우리가 실생활에서 사용하는 g(그램) 단위의 물질에는 엄청난 양이 들어 있을 텐데요. 과연 얼마만큼의 양이 존재할지 궁금하지 않나요?

우선 탄소(C), 수소(H), 산소(O)의 원자량을 가지고 살펴보도록 합시다. 탄소(C)의 원자량 12를 기준으로 했을 때 수소(H)의 상대적 질량은 1, 산소(O)의 상대적 질량은 16이 되었지요. 그렇다면 실제로 탄소 원자 12g, 즉 원자량에 g을 붙인 질량에는 몇 개의 원자가 들어 있을까요?

과학자들은 다양한 실험[7]을 통해 그 입자 수를 밝혀냈는데요. "탄소(C) 원

---

7) X선을 이용하는 방법 또는 전자의 전하량으로부터 구하는 방법.

자 12g에는 6.02×10^{23}개의 원자가 들어 있다는 사실!" 놀랍지 않나요? 이때 원자량은 상대적 질량이므로 탄소 원자 1개의 질량이 12라면 수소와 산소 원자 1개의 질량은 각각 1과 16이라 볼 수 있습니다. 따라서 탄소 원자 6.02×10^{23}개의 질량이 12g이 되므로 수소 원자 1g과 산소 원자 16g 속에도 각각 6.02×10^{23}개의 원자가 존재함을 알 수 있습니다. 프랑스의 물리학자 페렝(Jean Baptiste Perrin, 1870~1942)은 이탈리아의 과학자인 아보가드로(Amedeo Avogadro, 1776~1856)[8]를 기념하여 이 수를 '아보가드로수'라고 명명하였지요.

여기서 잠깐! 아보가드로수인 6.02×10^{23}개가 어느 정도의 양인지 감이 오시나요? 0이 무려 21개인 큰 수인데다가 발음하기도 꽤나 번거로운 숫자입니다. 과학자들은 '육점 영이 곱하기 십의 이십삼 제곱'보다 좀 더 간단한 표현을 원했죠. 예를 들어 연필 12자루를 1다스, 달걀 30개를 1판, 마늘 100개를 1접으로 표현하듯이 말입니다.

과학자들은 아보가드로수(6.02×10^{23}개)만큼 모인 집단에 대해 간단하게 '1몰(mole)[9]'이라는 용어를 사용하기로 약속했어요. 즉, 원자가 아보가드로수만큼 존재할 때는 원자 1몰, 분자가 아보가드로수만큼 존재할 때는 분자 1몰이 된다는 의미지요.

물질 1몰	입자 수	예
원자 1몰	원자 6.02×10^{23}개	수소 원자 1몰 = 수소 원자 6.02×10^{23}개
분자 1몰	분자 6.02×10^{23}개	물 분자 1몰 = 물 분자 6.02×10^{23}개
이온 1몰	이온 6.02×10^{23}개	나트륨 이온 1몰 = 나트륨 이온 6.02×10^{23}개

물질 1몰과 입자 수

8) 원자나 분자, 이온, 전자들의 개수를 세는 데에 큰 공헌을 한 사람.

9) 입자 수가 아보가드로수만큼 있을 때의 양을 몰(mole)이라고 하며, 이것을 단위로 사용할 때는 mol로 쓴다. 1몰(mol) = 6.02×10^{23}개.

좀 더 자세히 알아봅시다. 물(H_2O) 1몰에는 원자가 얼마나 존재하는 걸까요? 물은 수소(H) 원자 2개와 산소(O) 원자 1개로 이루어져 있습니다. 즉, 물 1몰은 수소 원자 2몰($2 \times 6.02 \times 10^{23}$)과 산소 원자 1몰($6.02 \times 10^{23}$)로 구성되어 있다고 볼 수 있어요.

염화 나트륨(NaCl) 1몰은 어떨까요? 마찬가지로 나트륨 이온(Na^+) 1몰과 염화 이온(Cl^-) 1몰로 구성되어 있으므로 각각의 이온이 6.02×10^{23}개만큼 존재하고 있음을 알 수 있습니다.

그렇다면 아보가드로수인 6.02×10^{23}은 도대체 얼마나 큰 수일까요?

$$602,214,199,000,000,000,000,000$$

지름 1cm짜리 구슬 1몰 개로 지구 표면을 덮으면 표면 위로 80km 높이만큼 쌓아 올릴 수 있답니다. 그리고 더운 여름에 먹는 시원한 수박 안에 1몰 개의 수박씨가 들어 있다고 가정하면 그 수박은 달보다 약간 더 큰 엄청난 크기를 자랑하게 되죠. 또 천 원짜리 1몰 개를 일렬로 이은 길이는 지구에서 가장 가까운 은하인 안드로메다은하까지 걸리는 거리의 5.9배에 해당한답니다. 어때요? 1몰이 엄청나게 큰 수라는 것을 느낄 수 있겠지요?

그럼 지금까지 배운 내용을 정리해보도록 합시다. 먼저 탄소를 기준으로 정한 상대적 질량을 우리는 원자량이라고 불렀습니다. 그리고 탄소 원자 12g에 포함된 입자 수 6.02×10^{23}개를 1몰이라고 칭하기로 약속했지요. 마찬가지로 각 원자들의 원자량에 g을 붙인 값에는 각 원자들이 1몰 개 존재한다는 의미입니다. 분자 1몰의 경우도 마찬가지예요. 분자량에 g을 붙인 값 안에는 분자 1몰(6.02×10^{23}) 개가 존재합니다.

몰과 입자 수, 질량, 부피의 관계

자, 이제 지금까지 배운 내용을 응용해서 각 물질의 g별로 원자와 분자가 몇 몰이 존재하는지 알아보도록 합시다.

원자 또는 분자	수소	탄소	질소	산소	물	포도당
원자량 또는 분자량	1	12	14	16	18	180
1몰의 개수	6.02×10^{23}개					
1몰의 질량	1g	12g	14g	16g	18g	180g

1몰의 개수와 질량

원자나 분자 1몰의 질량은 '원자량에 g을 붙인 값', 또는 '분자량에 g을 붙인 값'에 해당하므로 그 질량을 이용하면 되겠죠. 다시 말해 탄소(C) 원자 24g은 2몰($= \dfrac{24g}{12g/몰}$)이 되고, 물(H_2O)분자 9g은 0.5몰($= \dfrac{9g}{18g/몰}$)이 됩니다.

 **왜 그럴까?**

> 탄소(C) 원자 12g이 1몰이었던 것 기억나죠? 위 표를 보면 물 분자(H_2O) 1몰은 18g입니다. 9g은 18g의 $\dfrac{1}{2}$이므로 0.5몰이 되는 것이죠.

$$\text{원자의 몰 수} = \frac{\text{질량}}{\text{원자량}} \qquad \text{분자의 몰 수} = \frac{\text{질량}}{\text{분자량}}$$

그런데 눈에 보이지 않고 공기 중에 떠다니는 기체 1몰의 양도 측정할 수 있을까요? 기체 1몰에도 질량이 있을 것이며 그에 따라 기체가 차지하는 공간인 부피도 존재할 텐데요. 기체 1몰의 질량은 앞서 설명한 것과 같이 기체의 분자량에 g을 붙인 값에 해당합니다. 따라서 수소 기체(H_2), 산소 기체(O_2) 1몰은 각각 2g과 32g이 되며, 그 안에는 각 기체가 모두 1몰(6.02×10^{23})개 들어 있는 것이죠.

한편 각 기체 1몰이 차지하는 부피는 얼마나 될까요? 1811년 제안된 아보가드로 법칙에 따르면 '기체는 종류에 관계없이 같은 온도와 같은 압력 하에서 같은 부피 속에 같은 수의 분자가 들어 있다'고 합니다. 과학자들은 이를 이용해 기체 1몰이 차지하는 부피를 구했는데요. 온도와 압력만 같다면 같은 공간 안에는 같은 개수의 기체 입자가 존재한다는 사실을 근거로 0℃, 1기압에서 기체 1몰이 차지하는 부피는 22.4L임을 알게 되었지요. 즉, 풍선에 산소 기체 1몰의 질량에 해당하는 32g을 넣고 입구가 새지 않도록 꽁꽁 막은 후 0℃, 1기압

기체	수소(H_2)	산소(O_2)	이산화 탄소(CO_2)
몰 수	1몰	1몰	1몰
분자 수	6.02×10^{23}개	6.02×10^{23}개	6.02×10^{23}개
질량	2g	32g	44g
기체의 부피 (0℃, 1기압)	22.4L	22.4L	22.4L

1몰의 분자 수, 질량, 부피(기체, 0℃, 1기압) 관계

에서 차지하는 부피를 구하면 22.4L라는 뜻이 됩니다. 산소뿐만이 아니라 수소 기체 1몰인 2g과 이산화 탄소 기체 1몰인 44g이 0℃, 1기압에서 차지하는 부피도 '모두' 22.4L입니다.

따라서 0℃, 1기압에서 기체가 차지하는 부피를 알면 그 기체의 몰 수도 알 수 있는데요. 깜짝 퀴즈를 내볼 테니 표를 참고하여 정답을 맞춰보세요. 만약 0℃, 1기압에서 수소 기체가 11.2L를 차지한다면 그 공간 안에는 몇 몰의 기체가 들어 있는 걸까요? 맞습니다. '0.5몰'의 기체가 들어 있겠지요? 동일한 조건에서 산소 기체가 44.8L를 차지한다면 2몰의 기체가 들어 있는 것입니다.

$$기체의\ 몰\ 수 = \frac{기체의\ 부피(0℃,\ 1기압)}{22.4L}$$

멋지게 풀어요! [대수능 모의평가]

표는 분자 (가), (나)의 분자당 구성 원자 수와 분자량을 나타낸 것이다.

분자	구성 원자 수	분자량
(가)	4	17
(나)	5	16

이에 대한 설명으로 옳은 것만을 〈보기〉에서 있는 대로 고른 것은?
(단, 0℃, 1기압에서 (가), (나)는 기체 상태이다.)

〈보기〉
ㄱ. (가) 16g에 있는 분자 수는 아보가드로수보다 적다.
ㄴ. 1g에 있는 원자 수는 (나) 〉 (가)이다.
ㄷ. 0℃, 1기압, 1g의 기체 부피는 (나) 〉 (가)이다.

① ㄱ　　② ㄷ　　③ ㄱ, ㄴ　　④ ㄴ, ㄷ　　⑤ ㄱ, ㄴ, ㄷ

정답: ⑤

"어? 선생님, 저희가 배운 내용이 아닌걸요?"라고 묻는 친구들도 있을 텐데요. 함께 풀어보도록 하지요. 먼저 (가)의 경우 분자량이 17입니다. 아보가드로수의 질량, 즉 1몰의 질량은 분자량에 g을 붙인 값이라고 했지요. 따라서 분자 (가)의 1몰에 해당하는 질량은 17g이 됩니다. 이때 (가) 16g은 몇 몰이 될까요? 물질의 몰 수는 질량을 분자량으로 나눈 값이므로 (가) 16g은 $\frac{16}{17}$몰이 됩니다. 이 값은 1보다 작기 때문에 16g의 (가)는 1몰에 해당하는 아보가드로수보다 적은 분자가 들어 있음을 알 수 있습니다.

1g에 들어 있는 원자 수는 어떻게 구할 수 있을까요? 먼저 1g의 몰 수를 구해봅시다. (가)와 (나) 각 1g의 몰 수는 $\frac{1}{17}$몰과 $\frac{1}{16}$몰입니다. 1g 안에 각각 이 만큼의 분자가 존재한다는 말이죠. 이때 분자를 이루는 원자 수가 다르므로 (가)와 (나) 각 1g에 있는 원자 수는 $\frac{1}{17} \times 4$몰, $\frac{1}{16} \times 5$몰이 됩니다. 즉 (나)가 (가)보다 원자 수가 더 많다는 것을 알 수 있어요.

마지막으로 0℃, 1기압, 1g의 기체가 차지하는 부피를 구해봅시다. 우리는 0℃, 1기압에서 기체 1몰이 차지하는 부피가 22.4L임을 배웠습니다. 따라서 (가)와 (나)각 1g이 0℃, 1기압에서 차지하는 부피를 구하려면 위에서 구한 (가), (나)각 1g의 몰 수에 22.4L를 곱하면 되겠죠. $\frac{1}{17} \times 22.4$와 $\frac{1}{16} \times 22.4$ 중 어느 것이 더 클까요? 딱 봐도 기체가 차지하는 부피는 (나)가 (가)보다 크다는 것을 알 수 있습니다.

화학은 미시 세계를 다루는 양적 관계가 매우 중요한 학문입니다. 왜냐하면 내가 원하는 생성물을 원하는 양만큼 잘 만들어내려면 그들이 얼마만큼 반응에 참여하며, 그 결과 얼마만큼의 생성물이 나오느냐가 관건이거든요.

미시 세계의 양, 몰은 눈에 보이지 않는 세계의 값을 다루는 일이라 다소 생소했을 겁니다. 하지만 1몰의 정의만 잘 알아둔다면 여러분도 모든 양적 관계의 달인이 될 수 있답니다.

미라클 키워드

· 1몰

① 입자 수: 6.02×10^{23}개

② 질량: 물질의 구성 입자 1몰(6.02×10^{23}개)의 질량은 화학식량에 g을 붙인 양

③ 부피: 기체의 종류에 관계없이 모든 기체 1몰은 0℃, 1기압에서 22.4L

· 몰과 입자 수, 질량, 부피와의 관계

$$\text{몰 수} = \frac{\text{입자 수}}{6.02 \times 10^{23}\text{개}} = \frac{\text{질량}}{\text{화학식량}} = \frac{\text{기체의 부피}}{22.4L} \, (0℃, 1\text{기압})$$

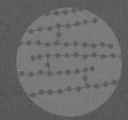

4

물질의 이름, 화학식!
물질의 반응, 화학 반응식!

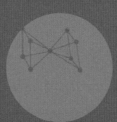

물질의 이름은 어떻게 정할까?

신학기가 되면 낯선 교실, 처음 보는 얼굴에 서로의 표정은 어색하고 교실은 조용하기만 합니다. 그러다 며칠만 지나면 언제 그랬냐는 듯 시끌벅적한 공간이 되지요.

여러분은 새로운 학급에서 새로운 친구들과 관계를 맺고, 친분을 쌓을 때 친구들을 어떻게 부르나요? 설마 '야~', '어이~', '거기~'라고 부르는 건 아니겠죠? 아마 여러분의 친구만이 가진, 그 아이를 표현해주는 '이름'을 불러줄 것입니다.

화학의 세계도 마찬가지예요. 여러분 주변을 살펴보세요. 여러분이 보고 있는 책의 종이도, 앉아 있는 의자도, 입고 있는 옷은 물론 아침에 바른 로션까지 모두 화학으로 이루어져 있는데요. 이를 구성하는 작은 물질에도 저마다의 이름이 붙어 있답니다. 이번 강에서는 물질의 이름인 화학식을 어떻게 만드는지 살펴보도록 하겠습니다.

먼저, 각 물질 속에 포함되어 있는 성분 원소는 어떻게 알 수 있을까요? 금속 원소[10]의 경우에는 비교적 간단합니다. 금속 원소가 포함된 화합물을 겉불꽃[11]에 넣으면 각 금속 원소마다 고유한 불꽃 반응색을 나타내거든요. 왜냐하면 높은 에너지를 받은 원자가 다시 외부로 에너지를 방출할 때 원자에 따라 각기 다른 파장의 빛을 내기 때문입니다. 그렇지만 여러 원소가 섞여 있는 경우에는 불꽃 반응 색만으로 어떤 원소가 들어 있는지 정확하게 알 수 없어요.

---

10) 금, 은, 철, 나트륨 따위처럼 금속성을 가진 원소. 밀도가 비교적 크고 금속성 광택이 있으며, 잘 늘어나거나 펴지고 열과 전기가 잘 통한다.

11) 가장 바깥 부분의 불꽃. 산소의 공급이 원활하여 연소가 가장 완전하며, 온도가 가장 높다.

나트륨	칼륨	칼슘	리튬	바륨	구리
노란색	보라색	주황색	빨간색	황록색	청록색

금속 원소의 불꽃 반응색

만약 불꽃 반응색이 비슷하다면 원소의 불꽃에서 나오는 빛을 분광기에 통과시켜 선 스펙트럼[12]을 사용해 구분할 수도 있습니다.

리튬과 스트론튬의 선 스펙트럼

이렇게 각 물질을 이루는 성분 원소들은 저마다의 조합으로 만나 자신의 모습을 드러내게 되는데요. 화학의 세계에서는 물질의 구성 성분의 종류와 개수를 이용하여 이름을 붙여줍니다. 그리고 물질을 이루는 원자의 개수와 숫자로 나타낸 식을 화학식이라 하지요. 이때 분자를 이루는 원자의 종류와 개수를 나타낸 식을 분자식이라고 하며, 염화 나트륨($NaCl$)과 같은 이온 결합 물질이나 철(Fe), 구리(Cu) 같은 금속 결합 물질은 분자 상태로 존재하지 않기 때문에 이들은 화학식 또는 실험식이라고 부릅니다.

그렇다면 화학식을 만들기 위해서는 그 안에 포함된 성분 원소가 몇 개로 구성되어 있는지를 알아야겠죠? 지금부터 화합물을 이루는 원소들의 비율을 확인할 수 있는 간단한 실험 장치를 알아보도록 하겠습니다.

---

12) 원자나 이온이 빛을 낼 때에 가느다란 선으로 이루어지는 스펙트럼. 원자마다 고유의 독특한 선 스펙트럼이 있는데, 원자가 어떤 에너지 상태에서 다른 상태로 옮길 때에 생기며, 이로부터 원소의 종류·에너지 준위의 위치 및 성질을 알 수 있다.

특명, 화학식을 구하라!

이 장치는 탄소(C), 수소(H), 산소(C)로 이루어진 탄소 화합물의 성분 조성을 알아내는 분석 장치입니다. 탄소 화합물을 연소시키면 이산화 탄소(CO_2)와 물(H_2O)이 생성되는데요. 이들의 질량을 측정함으로써 화합물을 이루는 각 성분의 질량비를 알아내는 원리입니다.

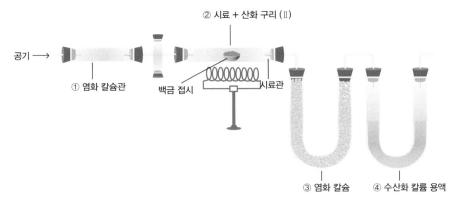

원소 분석 실험 장치(리비히 분석법)

먼저 수증기를 제거한 공기를 장치에 주입하면(①) 백금 접시에 담긴 시료(C, H, O로 구성) 속 탄소(C)와 수소(H)는 산화 구리(Ⅱ)의 산소, 공기 중 산소 기체와 반응(②)하여 각각 이산화 탄소(CO_2)와 물(H_2O)이 됩니다. 이때 염화 칼슘($CaCl_2$)은 물을 잘 흡수하므로 염화 칼슘관의 질량 변화를 측정(③)해 생성된 물의 질량을 구할 수 있겠지요. 또한 수산화 칼륨(KOH)은 이산화 탄소를 잘 흡수하므로 이 관의 질량 변화를 측정(④)해 생성된 이산화 탄소의 질량도 알 수 있습니다.

물(H_2O)의 질량과 이산화 탄소(CO_2)의 질량을 통해 알 수 있는 것은 무엇일까요? 맞습니다! 물의 질량을 측정하면 그 속에 포함된 수소(H)의 질량을 구할 수 있겠지요. 물(H_2O)의 분자량 18 안에는 수소(H) 원자량의 2배(=1×2)만큼 수소 원자가 존재합니다. 따라서 물(H_2O)의 질량이 w_1g이었다면 $w_1 \times \dfrac{2}{18}$ 만큼 수소가 존재하는 것이죠.

마찬가지로 이산화 탄소(CO_2)의 질량을 이용하여 그 속에 포함된 탄소(C)의 질량도 구할 수 있는데요. 이산화 탄소(CO_2)의 분자량 44 안에는 탄소(C) 원자량(12)만큼 탄소 원자가 존재하므로 이산화 탄소의 질량이 w_2g이었다면 $w_2 \times \dfrac{12}{44}$ 만큼의 탄소(C)가 존재하는 것을 알 수 있습니다.

여기서 끝이 아니죠. 만약 주어진 시료가 탄소(C), 수소(H), 산소(O)로 이루어져 있다면 전체 질량에서 계산한 탄소(C)와 수소(H)의 질량을 뺀 값이 곧 산소(O)의 질량이 되는 셈입니다.

그렇다면 화학식은 어떻게 구할 수 있을까요? 먼저 각 원소들의 질량이 얼마만큼의 비율, 즉 얼마만큼의 입자 수 비로 존재하는지 알아야 하므로 지난 강에서 배웠던 몰 수 비를 구하는 식을 이용하면 됩니다.

즉, C : H : O = $\dfrac{\text{C의 질량}}{\text{C의 원자량}} : \dfrac{\text{H의 질량}}{\text{H의 원자량}} : \dfrac{\text{O의 질량}}{\text{O의 원자량}}$ 에 의해 시료 속 각 성분의 원자 수 비를 구할 수 있죠.

예를 들어 포도당 180mg을 연소했을 때 이산화 탄소(CO_2)와 물(H_2O)의 질량이 각각 264mg, 108mg으로 생성되었다면 포도당 속 탄소(C)의 질량은 72(=$\dfrac{12}{44} \times 264$)mg이고, 수소(H)의 질량은 12(=$\dfrac{2}{18} \times 108$)mg, 그리고 산소(O)의 질량은 96(=180-72-12)mg임을 알 수 있습니다.

따라서 각 성분 원소의 입자 수 비는 C : H : O = $\dfrac{72}{12} : \dfrac{12}{1} : \dfrac{96}{16}$ = 1 : 2 : 1이 되

므로 포도당의 실험식[13]은 CH_2O로 구할 수 있지요.

그렇다면 이제 분자식을 구해봅시다. 먼저 우리가 구한 실험식은 CH_2O이므로 그들의 원자량의 합, 즉 실험식량은 30(=12 + 2×1 + 16×1)임을 알 수 있습니다. 이때 포도당의 분자량은 180이고 실험식량(30)의 6배에 해당하므로 (CH_2O) ×6의 관계가 성립하기 때문에 포도당의 분자식을 $C_6H_{12}O_6$으로 구할 수 있답니다.

자, 이제 배운 내용을 토대로 문제를 풀어보도록 할까요?

멋지게 풀어요! [대수능 예비시행]

다음은 C, H, O 원소로 구성된 어떤 물질 X의 실험식을 구하는 원소 분석 실험이다.

[실험 과정]
(가) 그림과 같은 장치에 23mg의 물질 X를 넣고 충분한 양의 산소를 공급하면서 가열한다.

(나) 반응이 끝난 후, 염화 칼슘($CaCl_2$)과 수산화 나트륨(NaOH)이 각각 들어 있는 관의 증가한 질량을 구한다.

[실험 결과]

구분	$CaCl_2$을 채운 관	NaOH을 채운 관
증가한 질량(mg)	27	44

물질 X의 실험식은? (단, C, H, O의 원자량은 각각 12, 1, 16이고, 물질 X는 완전 연소한다.)

① CHO ② CH_3O ③ C_2H_4O ④ C_2H_6O ⑤ C_3H_8O

정답: ④

---

13) 물질을 이루는 원자의 종류와 개수를 가장 간단한 정수비로 나타낸 식을 의미한다.

여러분이 구한 실험식은 무엇인가요? 선생님과 함께 풀어보도록 하겠습니다. 먼저 염화 칼슘($CaCl_2$)을 채운 관에는 물(H_2O)이 흡수되었으므로 X에 포함된 수소(H)의 질량, $27 \times \frac{2}{18} = 3mg$을 구할 수 있습니다. 한편 수산화 나트륨(NaOH)을 채운 관에는 이산화 탄소(CO_2)가 흡수되었으므로 X에 포함된 탄소(C)의 질량, $44 \times \frac{12}{44} = 12mg$을 구할 수 있지요. 이때 산소의 질량은 전체 질량에서 각 성분 원소의 질량을 빼면 되므로 8mg이 됩니다. 따라서 각 성분 원소의 입자 수 비는 $C : H : O = \frac{12}{12} : \frac{3}{1} : \frac{8}{16} = 2 : 6 : 1$이 되므로 실험식은 C_2H_6O가 되는 것을 알 수 있습니다.

마술 같은 화학 반응

화학의 세계에서 물질의 이름을 붙여주는 방법을 알아보았습니다. 이제 물질들이 반응하는 것을 어떻게 표현하는지 살펴보도록 할까요? 화학의 세계를 '마술'이라고 부르는 또 하나의 이유가 여기 있습니다. 바로 '화학 반응'이지요. 물질들을 조건에 맞춰 화학 반응 시키면 처음에 준비했던 반응물과는 전혀 성질이 다른 새로운 생성물이 얻어집니다. 이러한 변화를 하나의 식으로 완성할 수 있는데요. 그 방법을 알아봅시다.

저녁 식사 전 어머니의 모습을 본 적 있나요? 주방에서 빠른 손놀림으로 재료를 준비해 다듬고 음식을 만들어내는 모습이요. 곧 맛있는 음식 냄새가 코를 자극해 주린 배가 더욱 고파질 쯤, "저녁 먹자~"는 어머니의 목소리가 들려옵니다. 그렇게 가족끼리 식탁에 둘러앉아 오순도순 이야기하며 저녁을 먹기까지, 이 모든 과정에 사실 화학 반응식이 숨겨져 있다면 믿으시겠어요? 게다가 음식을 준비하신 어머니는 화학자라고 해도 과언이 아니라면요?

먼저 음식을 하기 위해서는 신선한 재료가 필요합니다. 이때 음식 재료는 반응물이 됩니다. 그럼 재료를 이용해 만든 맛있는 저녁 식사는 무엇이 될까요? 그렇죠! 생성물이 되겠지요.

화학의 세계도 마찬가집니다. 인류에게 중요한 화석 연료인 메테인(CH_4)의 연소 반응을 화학 반응식으로 나타내볼게요. 우선 반응물인 메테인(CH_4)과 연소 반응에 필요한 산소(O_2)가 음식의 재료에 해당하겠죠. 그리고 연소 과정에서 발생하는 이산화 탄소(CO_2)와 물(H_2O)이 맛있는 음식에 해당하는 생성물이 됩니다. 이때 '신선한 재료가 맛있는 음식으로 짜~잔!' 하고 바뀌는 과정을 '반응물 → 생성물'로 표현할 수 있습니다. 그런데 음식의 재료가 1가지 이상이거나 완성된 음식이 1가지 이상 나올 수도 있겠죠? 그 사이는 '+'로 연결해서 나타냅니다.

$$CH_4 + O_2 \rightarrow CO_2 + H_2O$$

여기서 끝이 아닙니다. 반응 전과 후, 원자들의 조성과 개수의 변화로 물질이 바뀌었을 뿐, 원자 자체가 사라진 것은 아니기 때문에 화학 반응식 전과 후에 원자의 개수가 동일해야 해요. 따라서 반응 전후 원자의 개수가 같도록 계수를 맞춰줍니다.

$$1CH_4 + 2O_2 \rightarrow 1CO_2 + 2H_2O$$

이때 화학 반응식의 계수 '1'은 생략하고, 물질의 상태[14]를 괄호를 이용해 표현해주면 완성! 화학 반응식에서 계수는 너무도 중요한 단서를 줍니다. 반응하고, 생성되는 각 물질의 입자 수 비, 즉 몰 수 비가 되거든요. 따라서 아래의 화학 반응식은 '메테인(CH_4) 1분자가 산소(O_2) 2분자와 반응해서 이산화 탄소(CO_2) 1분자와 물(H_2O) 2분자를 만들어낸다'는 뜻으로 해석할 수 있습니다.

$$CH_4(g) + 2O_2(g) \rightarrow CO_2(g) + 2H_2O(l)$$

이처럼 완성된 화학 반응식을 통해 물질이 어떻게 반응하며, 얼마만큼의 양대로 반응하고 생성되는지를 알 수 있답니다.

---

14) 물질의 상태에서 고체는 s(solid), 액체는 l(liquid), 기체는 g(gas), 수용액은 aq(aqueous)로 표기한다.

반응물과 생성물의 특별한 양적 관계

다음은 인간의 호흡 과정에서 포도당($C_6H_{12}O_6$)이 산소(O_2)와 반응하여 이산화 탄소(CO_2)와 물(H_2O)이 생성되는 과정인데요. 이 화학 반응식을 통해 양적 관계에 대해 알아보도록 하겠습니다.

$$C_6H_{12}O_6(g) + 6O_2(g) \rightarrow 6CO_2(g) + 6H_2O(l)$$

화학 반응식을 통해 포도당 1몰이 반응하여 이산화 탄소 6몰이 생성되는 관계라는 것을 알 수 있는데요. 즉, 포도당 1몰의 질량(분자량에 g을 붙인 값)인 180g이 연소하면 이산화 탄소는 6몰, 264g(=44×6)이 얻어진다는 의미입니다. 또한 앞강에서 배웠듯이 0℃, 1기압인 표준 상태의 조건이라면 이산화 탄소는 134.4L(=22.4L×6)의 부피를 차지하게 되겠죠.

그럼, 문제를 통해 배운 내용을 복습해봅시다.

다음은 광합성으로 36g의 포도당($C_6H_{12}O_6$)이 생성되는 데 필요한 이산화 탄소(CO_2)의 부피를 구하는 과정이다.

단계 1: 포도당이 생성되는 과정의 화학 반응식을 구한다. (a, b는 반응 계수)

$$aCO_2(g) + 6H_2O(l) \rightarrow bC_6H_{12}O_6(g) + 6O_2(g)$$

단계 2: 포도당 36g의 몰 수를 계산한다.

$$\text{포도당의 몰 수} = \frac{36g}{X}$$

단계 3: 계수비로부터 필요한 CO_2의 몰 수를 계산한다.

CO_2의 몰 수 = 포도당의 몰 수 × Y

단계 4: 단계 3에서 구한 CO_2의 몰 수로부터 부피를 계산한다.

CO_2의 부피 = CO_2의 몰 수 × 기체 1몰의 부피

이에 대한 설명으로 옳은 것만을 〈보기〉에서 있는 대로 고른 것은?

〈보기〉
ㄱ. 단계 1에서 a는 6이다.
ㄴ. 단계 2에서 X는 포도당 1몰의 질량이다.
ㄷ. 단계 3에서 Y는 $\frac{a}{b}$이다.

① ㄱ   ② ㄷ   ③ ㄱ, ㄴ   ④ ㄴ, ㄷ   ⑤ ㄱ, ㄴ, ㄷ

정답: ⑤

"어? 선생님! 어디서부터 접근해야 하죠?" 여러분이 혼란스러워 하는 소리가 들리는데요. 함께 풀어봅시다. 우리가 가장 먼저 살펴봐야 할 것은 화학 반응식입니다. 즉, 미지수인 a와 b를 먼저 구해야 하죠.

반응물과 생성물의 원자 수가 같도록 맞춰주면 a=6, b=1임을 알 수 있습니다.

$$6CO_2(g) + 6H_2O(l) \rightarrow 1C_6H_{12}O_6(g) + 6O_2(g)$$

이때 포도당 36g의 몰 수를 계산하려면 포도당의 질량을 '포도당 1몰의 질량인 분자량에 g을 붙인 값'으로 나누면 됩니다. 한편 6몰의 이산화 탄소(CO_2)가 반응해서 1몰의 포도당($C_6H_{12}O_6$)이 생성되므로 이산화 탄소(CO_2)의 몰 수는 포도당 몰 수의 6배, 다시 말해 $\dfrac{a}{b}$가 되므로 Y를 구할 수 있게 됩니다. 어때요? 이제 정답을 구할 수 있겠죠?

양적인 관계를 알면 일상의 일들을 재미있게 해석할 수 있는데요. 사람이 하루에 배출하는 이산화 탄소의 양을 계산해볼까요? 먼저 체중이 60kg인 성인 남자가 하루에 섭취해야 하는 일일 대사량이 3000kcal이고, 이 열량을 모두 포도당에서 얻는다고 가정할게요.

호흡의 반응식은 앞에서 배웠던 것처럼 다음과 같이 쓸 수 있습니다.

$$C_6H_{12}O_6(g) + 6O_2(g) \rightarrow 6CO_2(g) + 6H_2O(l)$$

이때 탄수화물 1g은 4kcal의 열량을 내므로 3000kcal의 열량을 내기 위해서는 750g의 포도당이 필요합니다. 따라서 포도당의 분자량은 180이므로 750g의 포도당은 약 4.2몰이 되고, 화학 반응식의 양적 관계에서 배웠듯 1몰의 포도당이 연소될 때 6몰의 이산화 탄소가 발생하므로 4.2몰의 포도당이 호흡에 소모되면 약 25몰의 이산화 탄소가 생성되는 것을 유추할 수 있습니다. 25몰의 이산화 탄소는 1100g(=25×44) 정도의 양인데요. 즉, 성인 남자 한 사람이 하루에 1.1kg의 이산화 탄소를 배출하는 셈입니다. 1년이면 약 400kg의 이산화 탄소가 배출되는 것이고요.[15]

---

15) 참고 : 『화학1』 교과서, 상상아카데미, 50쪽

미라클 키워드

· 화학식

① 물질을 이루는 원자의 종류와 개수를 원소 기호와 숫자로 나타낸 식

② 분자식: 분자를 이루는 원자의 종류와 개수를 나타낸 식(수소 H_2, 물 H_2O, 이산화 탄소 CO_2, 포도당 $C_6H_{12}O_6$ 등)

③ 실험식: 물질을 이루는 원자의 종류와 개수를 가장 간단한 정수비로 나타낸 식(포도당 CH_2O 등)

· 화학식의 결정

① 분자식 = (실험식)n

② 분자량 = (실험식량)n

· 화학 반응식

① 화학 반응을 화학식과 기호를 사용하여 나타낸 식

② 화학 반응식에서의 양적 관계: 계수 비는 몰 수 비, 분자 수 비, 기체인 경우 부피 비와 같음

$$\text{몰 수} = \frac{\text{입자 수}}{6.02 \times 10^{23}\text{개}} = \frac{\text{질량}}{\text{화학식량}} = \frac{\text{기체의 부피}}{22.4L} \quad (0℃, 1기압)$$

계수 비 = 몰 수 비 = 분자 수 비 = 부피 비(기체인 경우)

5

A-tom,
더 이상 쪼개지지
않는 입자

만물의 근원은 무엇일까?

약 2500년 전으로 돌아가서 그리스 철학자들을 만나봅시다. 그들은 만물의 근원에 대해 항상 고민했는데요. 특히 데모크리토스(Dēmokritos, BC 460~BC370 무렵)는 "만물은 미세한 입자로 되어 있다"고 주장하며, 그 입자를 'Atom(원자)'이라 칭했습니다. 'Atom'이란 그리스어로 '더 이상 분해할 수 없는 것'이라는 뜻이에요.

원자설에 반대한 철학자도 있었습니다. 그 유명한 아리스토텔레스도 그중 한 사람이었죠. 그는 "만물은 공기, 물, 불, 흙 네 가지로 이루어져 있다"며 모든 물질은 이들 4원소의 조합으로 이루어져 있다고 보는 '4원소설'을 주장했습니다.

16세기 이후에 이르러 원소란 '더 이상 나눌 수 없는 물질'로 정의되었습니다. 이러한 논의에 결정적인 영향을 미친 사람은 프랑스의 화학자 앙투안 라부아지에(Antoine Laurent de Lavoisier, 1743~1794)인데요. 그는 "물은 수소와 산소가 결합한 것이며, 물 자체는 원소가 아니다"라고 주장했어요. 이로써 그리스시대부터 믿어왔던 4원소설이 부정되었죠.

이때, 새로운 원소의 개념과 원자설을 결합시킨 사람이 바로 영국의 물리학자이자 화학자인 존 돌턴입니다. 돌턴은 원소마다 고유의 원자가 있으며 화합물은 이들 원자가 일정한 비율로 결합한 것이라고 생각했어요. 그는 1799년 프랑스의 화학자이자 약학자인 조제프 프루스트(Joseph Louis Proust, 1754~1826)가 발표한 '일정 성분비의 법칙[16]'을 근거로 주장했습니다.

---

16) 일정 성분비의 법칙이란 화합물 안에서는 원소의 질량비가 언제나 일정하다는 것을 말한다. 즉 물(H_2O, 분자량 18)을 이루는 수소(H, 원자량1)와 산소(O, 원자량16)의 질량비는 언제나 H : O = 1 : 8 (= 1×2 : 16)에 해당한다.

돌턴은 이 법칙으로부터 "각 원소는 어떤 정해진 질량을 가진 입자의 집합"이며 이를 '원자'라고 칭하였지요. 또한 원자가 결합함으로써 화합물이 만들어진다고 했어요. 1803년, 그는 세계 최초로 원자 기호를 발표했으며 수소 원자를 1로 했을 때 각 원자의 질량을 '원자량'이라 하고 그 값도 계산했습니다.

기호	명칭과 돌턴의 원자량	현재의 원자량	기호	명칭과 돌턴의 원자량	현재의 원자량
⊙	수소 ······ 1	1.008	Ⓘ	철 ······ 38	55.845
Ⓘ	질소 ······ 5	14.007	Ⓩ	아연 ······ 56	65.38
○	탄소 ······ 5	12.001	Ⓒ	구리 ······ 56	63.546
○	산소 ······ 7	15.999	Ⓛ	납 ······ 95	207.2
⊖	인 ······ 9	30.974	Ⓢ	은 ······ 100	107.868
⊕	황 ······ 13	32.065		왼쪽은 돌턴이 나타낸 알코올(에탄올)의 기호이다. 당시에 알코올이 수소 1개와 탄소 3개로 이루어져 있다고 생각했음을 알 수 있다 (실제로는 C_2H_6O).	
Ⓘ	칼륨 ······ 42	39.098			

돌턴이 생각한 원자 기호와 원자량

그러나 원자의 존재가 실제로 증명된 것은 그로부터 100년이나 지난 뒤의 일이랍니다. 물리학자 알베르트 아인슈타인(Albert Einstein, 1879~1955)에 의해 원자의 존재에 대한 실제 증명 이론이 세워졌고, 프랑스의 물리학자 장 페랭(Jean Baptiste Perrin, 1870~1942)이 이를 실험으로 증명했지요.

원자는 어떤 입자로 이루어져 있을까요? 지구상에 흔히 존재하는 물(H_2O), 암모니아(NH_3), 이산화 탄소(CO_2) 등을 이루는 원자들은 수소(H), 탄소(C), 질소(N), 산소(O)입니다. 이들의 모형을 살펴보면 다음과 같습니다(이때 p는 양성자, n은 중성자, ⊖는 전자입니다).

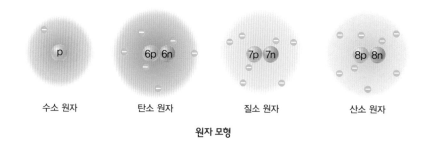

| 수소 원자 | 탄소 원자 | 질소 원자 | 산소 원자 |

원자 모형

모형에서 알 수 있듯이 어떤 원자든 양성자, 중성자, 그리고 전자로 이루어져 있답니다. 단지 각 원자를 구성하는 입자들의 개수나 조합 방식이 달라 각기 다른 원소의 성질을 가질 뿐이죠. 그럼 원자를 이루는 입자는 어떤 성질을 갖는지 알아보도록 할까요?

겨울철에 흔히 겪는 짜릿한 경험을 말해보세요. 따뜻한 스웨터를 입고 친구에게 악수를 건넸을 때, 머플러를 예쁘게 두르고 주변에 있는 사물을 무심코 잡았을 때 "앗 따가워~"하고 손에 전기가 통했던 적이 있지요?

수업 시간에 실험을 한다고 고무 풍선이나 플라스틱 자를 털옷에 마구 문지른 다음 머리카락에 가까이 가져갔을 때 여러분의 머리카락이 어떻게 되었는지 떠올려보세요. 머리카락이 풍선을 따라 위로 솟구치지 않았나요?

도대체 무엇이 우리를 따갑게 하고, 머리카락을 일으켜 세운 것일까요? 정답은 정전기입니다. 정전기 현상에 대해 과학적인 설명이 가능하게 된 것은 19세기 말 영국의 물리학자인 조지프 존 톰슨(Joseph John Thomson, 1856~1940)이 전자의 존재를 밝혀내면서부터입니다. '전자!' 도대체 어떤 성질을 지닌 친구인지 알아볼까요?

1897년 톰슨은 당시만 해도 '물질의 최소 단위이며 더 이상 분해할 수 없는 입자인 원자'가 더욱 분해될 수 있음을 실험을 통해 증명했습니다. 전자를 발견한 것이죠.

톰슨은 그림과 같은 실험 장치에서 거의 진공 상태인 유리관에 높은 전압을 걸어주었을 때 양극((+)극) 쪽의 유리관에 형광 빛이 나타나는 것을 관찰했습니다. 이는 음극((-)극)에서 방출된 '무엇인가'가 양극쪽의 유리에 부딪혀 나타나는 현상으로 생각할 수 있었어요. 이 '무엇인가'에 착안하여 몇 가지 실험을 한 결과 음극((-)극)선에서 나오는 어떤 선에 대한 정체를 밝힐 수 있었습니다.

그것은 수소 원자의 약 2000분의 1이라는 매우 가벼운 질량을 가진 '음전하를 띤 입자의 흐름'이었어요.

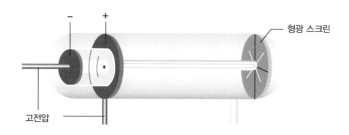

(-)극에서 (+)극으로 직진하는 음극선

그럼 톰슨의 음극선을 이용한 실험 결과를 함께 살펴보겠습니다. 먼저 (가)를 보세요. 음극선이 지나는 길에 물체를 놓아두자 뒤편에 그림자가 생겼는데요. 이는 음극에서 나오는 어떤 입자가 앞으로 나아갈 때, 물체가 있는 부분이 가려져 그 뒤에 그림자가 생기는 것으로 해석할 수 있습니다. 즉 (-)극에서 나오는 어떤 입자는 직진한다는 사실을 알 수 있지요.

(나)에서는 음극선이 지나는 길에 놓아둔 바람개비가 일정한 방향으로 회전하기 시작했는데요. (-)극에서 나온 어떤 입자가 바람개비를 밀고 움직였기 때문이겠죠? 이는 음극선이 질량을 가진 입자라는 것을 말해줍니다.

마지막으로 (다)와 같이 음극선 가까이에 자석을 갖다 대자 음극선이 휘었는데요. 이 현상은 플레밍 왼손 법칙[17]에 의해 전하를 띠는 어떤 입자의 흐름이 자기장의 힘을 받아 휘었음을 의미합니다. 즉, 음극선이 전하를 띠는 입자라는 것이지요.

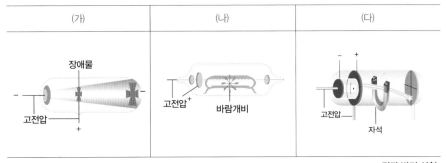

(가)	(나)	(다)

전자 발견 실험

---

17) 자기장 속에 있는 도선에 전류가 흐를 때 자기장의 방향과 도선에 흐르는 전류의 방향으로 도선이 받는 힘의 방향을 결정하는 규칙.

이 당시 톰슨은 진공관 전압의 크기, 전극으로 사용한 금속의 종류, 방전관에 넣은 기체의 종류 등 다양한 변인을 두고 여러 차례 실험을 진행하면서 변인에 관계없이 항상 전자가 방출되는 것을 확인했답니다. 그의 이러한 노력 덕분에 전자가 모든 원자를 구성하는 기본 입자임이 드러나게 되었죠.

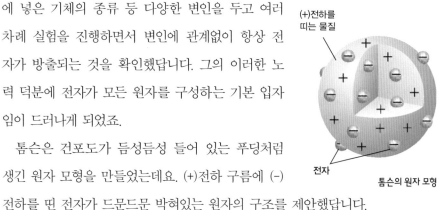

(+)전하를
띠는 물질

전자

톰슨의 원자 모형

톰슨은 건포도가 듬성듬성 들어 있는 푸딩처럼 생긴 원자 모형을 만들었는데요. (+)전하 구름에 (−)전하를 띤 전자가 드문드문 박혀있는 원자의 구조를 제안했답니다.

원자의 비밀을 푼 과학자들의 실험

톰슨이 전자를 발견한 이후 원자의 구조에 대한 수많은 연구와 억측이 난무하게 됩니다. 이 무렵 전기적으로 중성을 띠는 원자의 구성 입자 중 양전하를 띠는 입자에 대한 해결의 실마리가 영국의 물리학자 어니스트 러더퍼드(Ernest Rutherford, 1871~1937)에 의해 풀리게 되지요. 톰슨의 제자인 그는 톰슨의 원자 모형을 확인하기 위해 1911년에 다음과 같은 실험을 하게 됩니다.

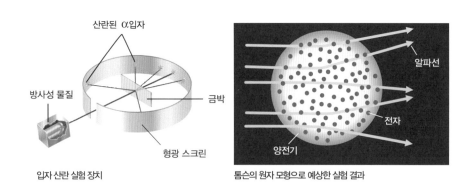

입자 산란 실험 장치   톰슨의 원자 모형으로 예상한 실험 결과

당시는 X선 등의 방사선이 발견된 시대로, 러더퍼드는 'α(알파)선[18]'이라는 강한 방사선을 연구하고 있었는데요. α선은 전자보다 약 8000배 무겁고 양전하를 띤 입자로서 매우 빨리 날아가는 무거운 입자입니다. 당시 톰슨의 원자 모형대로라면 이 입자를 원자로 향하게 했을 때, 그대로 통과하거나 전자의 영향을 받아 진로가 약간 틀어질 것이라 예상됐지요. 또한 에너지가 큰 α입자가 마

18) α 입자는 원자 번호 2번인 헬륨(He)이 전자 2개를 모두 잃은 헬륨 원자핵($_2^4He^{2+}$)이다.

치 대포알이 종잇장을 뚫고 지나가듯 얇은 금박을 관통할 것이라고 예상했어요. 그러나 실험 결과는 예상과는 조금 달랐습니다. 대부분의 α입자는 금박을 통과하거나 조금 휘어지는 데서 그쳤지만, 극소수의 α입자가 90°이상 크게 휘거나 진로의 반대 방향으로 튀어나오는 경우도 있었거든요. 실험 결과 러더퍼드는 "원자의 대부분은 빈 공간이며 중심에 크기가 매우 작고 원자 질량의 대부분을 차지하는 (+)전하를 띤 부분이 있다"고 생각했습니다. 맞아요. 바로 '원자핵'을 말하는 거예요.

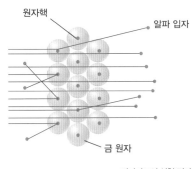

러더퍼드의 실험 결과

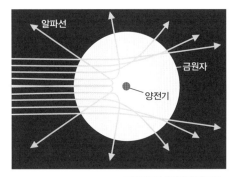

러더퍼드가 예상한 원자 구조

러더퍼드의 실험 결과를 토대로 제안된 원자 모형은 다음 그림과 같습니다. 원자의 중심에는 크기가 매우 작고 질량이 집중된 (+)전하를 띤 원자핵이 존재하고, 그 주위를 전자가 운동하고 있는 모습이죠. 마치 행성 같지 않나요?

그 후 원자핵을 구성하는 입자들에 대한 연구가 더해졌습니다. 1886년 골트슈타인(Eugen Goldstein, 1850~1930)은 소량의 수소 기체를 채운 방전관에 높은 전압을 걸어줄 때 (+)극에서 (-)극으로 이동하는 입자의 흐름을 발견하고 이를 양극선이라고 명명했죠. 또한 러더퍼드는 1919년 양극선 실험에서 방전관 안에

수소 기체를 넣었을 때 양극선의 질량에 대한 전하량의 비가 가장 크다는 것을 발견하고 양극선이 수소의 원자핵인 양성자의 흐름이라고 생각하게 되었는데요. 그가 진행한 실험의 원리를 살펴보겠습니다.

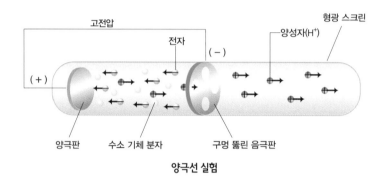

양극선 실험

그림과 같이 수소 기체가 담긴 방전관에 높은 전압을 걸어 (−)극에서 (+)극으로 음극선(전자)이 방출되게 합니다. 이때 (−)극에서 나온 전자가 수소 기체와 충돌하면서 수소 이온(H^+, 양성자)이 생성되는데요. 이것이 (−)극 쪽으로 이동하게 되고, 이때 생성된 수소 이온은 구멍 뚫린 음극판을 통과한 후 방전관 끝에 있는 형광 스크린에 도달하여 빛을 내게 된 것입니다. 이렇게 러더퍼드에 의해 (+)전하를 가진 기본적인 입자인 양성자가 발견되었답니다.

하지만 러더퍼드는 고민에 빠졌습니다. 헬륨 원자핵($^4_2He^{2+}$)의 전하는 +2인데, 원자량은 양성자 2개 질량의 2배 정도가 되었거든요. 전자의 질량은 원자량에 크게 기여하지 못하는데도 말입니다. 그는 양성자를 발견한 다음 해인 1920년에 양성자의 질량과 원자핵의 질량 사이의 차이를 설명하기 위해 중성의 새로운 입자가 존재할 것으로 짐작합니다.

이후 1932년 영국의 제임스 채드윅(James Chadwick, 1891~1974)은 베릴륨의 원자핵을 α입자로 충돌시켰을 때 전하를 띠지 않는 입자가 방출되는 것을 발견하게 되지요. 이 입자가 바로 중성자입니다. 이렇게 전하를 띠지 않는 중성자까지 발견됨으로써 원자의 구성 입자에 대한 모든 골격이 갖춰지게 됩니다.

자, 그럼 원자의 구성 입자를 정리해보도록 하겠습니다.

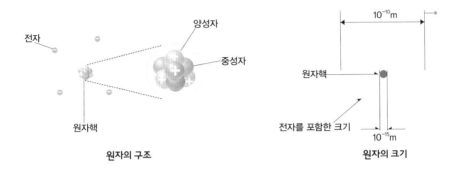

원자의 구조 **원자의 크기**

원자의 중심에는 (+)전하를 띠는 원자핵이 있고, 그 주위에 (−)전하를 띠는 전자가 운동을 하고 있습니다. 이때 원자핵은 (+)전하를 띠는 양성자와 전하를 띠지 않는 중성자로 이루어져 있어요. 원자의 지름은 약 10^{-10}m 정도이고, 원자핵의 지름은 $10^{-15} \sim 10^{-14}$m인데요. 원자를 커다란 축구장에 비유한다면 원자핵은 축구장 중앙에 놓인 작은 구슬에 비유할 수 있답니다.

한편 여러분 각자의 몸무게와 신장 사이즈가 다르듯 원자를 구성하는 각 입자에도 신체 사이즈가 존재하는데요.

입자	기호	위치	질량		전하량	
			실제 질량(g)	상대 질량	실제 전하량($\times 10^{-19}$C)	상대 전하
양성자	p, H^+	핵 내부	1.67262×10^{-24}	1.0	$+1.60218$	$+1$
중성자	n	핵 내부	1.67493×10^{-24}	1.0	0	0
전자	e^-	핵 외부	9.10939×10^{-28}	0.00055	-1.60218	-1

원자의 구성 입자

표에서 알 수 있듯이 양성자와 중성자의 질량은 매우 작지만 거의 비슷합니다. 이에 반해 전자의 질량은 어마어마하게 작죠. 즉, 원자핵의 질량이 원자 질량의 대부분을 차지한다고 볼 수 있답니다.

양성자와 전자의 전하량은 어떤가요? 크기는 같은데 앞에 붙은 부호가 반대네요. 전체적으로 봤을 때 두 입자의 전하량이 상쇄되기 때문에 원자는 전기적으로 중성이 됩니다.

원소도 주민등록번호가 있다?!

같은 학급 친구들에겐 '○○고등학교 ○학년 ○반'이라는 공통점이 있어요. 그러나 그들은 서로 다른 얼굴과 성격, DNA 유전정보를 가진 개성적인 존재입니다. 이처럼 같은 세상에 태어난 우리가 서로 다른 존재임을 드러내는 표식이 하나 있죠. 바로 주민등록번호예요. 주민등록번호의 앞 6자리는 생년월일에 해당합니다. 뒷자리 첫 번호는 성별, 이후 4자리는 출생등록지의 고유 번호, 나머지 2자리는 그날 주민 센터에 접수된 출생신고 순서에 따른 일련번호로 정해집니다. 그렇다면 세상에 존재하는 100여 가지 원소들의 주민등록번호는 어떻게 정해질까요?

앞서 언급했듯이 모든 원자는 양성자, 중성자, 그리고 전자로 구성됩니다. 다만, 그들의 조합이나 개수에서 차이가 날 뿐이죠. 따라서 그 구성 입자로 원소들의 주민등록번호를 정할 수 있습니다. '원자 번호'와 '질량수'가 각각의 원소를 구분하는 번호가 되는 거지요.

우선 원자핵 속의 양성자 수는 각 원소에 따라 다르므로 이 수를 '원자 번호'로 정합니다. 중성인 원자에서는 양성자와 전자의 수가 같기 때문에 원자 번호는 양성자 수이면서 동시에 전자의 수이기도 하지요. 예를 들어 탄소(C)는 양성자 수가 6개인데요. 이온 상태가 아닌 중성 원자라면 전자도 6개가 들어 있는 겁니다.

한편 원자의 전체 질량은 원자핵의 질량과 거의 같기 때문에 '질량수'는 원자핵을 구성하는 양성자 수와 중성자 수를 합해서 나타냅니다. 즉, 탄소(C)의 중성자가 6개라면 질량수는 12(=6+6)가 되는 셈이죠.

그럼 이제 원자를 표시해볼까요? 그림을 보세요. 원자 번호는 원소 기호의 왼쪽 아래에 쓰고 질량수는 왼쪽 위에 써줍니다. 탄소의 경우 양성자 수 6개, 중성자 수 6개이므로 원자 번호는 6이 되고, 질량수는 12가 됩니다.

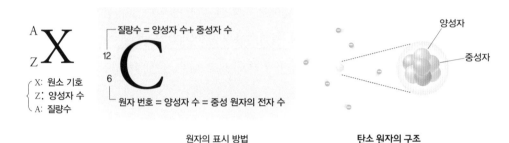

원자의 표시 방법   탄소 원자의 구조

우리는 일란성 쌍둥이, 동위 원소

여기서 잠깐, 여러분 친구들 중 혹시 일란성 쌍둥이[19]가 있나요? 그 친구들은 얼굴이 똑같이 생겼고, 성향이나 유전자까지 동일한데요. 자라는 환경에 따라 몸무게는 서로 달라질 수 있습니다. 그런데 원자의 세계에도 일란성 쌍둥이가 존재할까요?

동위원소	^1_1H	^2_1H	^3_1H
양성자 수	1	1	1
중성자 수	0	1	2
전자 수	1	1	1

수소의 동위 원소

그림은 수소(H)의 일란성 쌍둥이들을 나열한 것입니다. 양성자 수는 모두 1개로 원자 번호 1을 나타내지만, 중성자 수가 서로 달라 저마다 몸무게가 다른 것이지요. 따라서 이들의 질량수를 각각 구해보면 1, 2, 3이 되므로 원소 표기도 달라진답니다. 이처럼 양성자 수는 같지만, 중성자 수가 달라 질량수가 다른 원소 관계를 '동위 원소'라고 합니다. 동위 원소들은 양성자 수와 전자 수가 같아 화학적 성질은 같지만 물리적 성질인 밀도는 다르게 나타나지요.

---

19) 한 개의 난자와 한 개의 정자가 결합하여 하나의 수정란이 생기고, 그 수정란이 분열하는 과정에서 두개의 배아로 분리되어 각각의 개체가 됨. 유전적으로 동일함.

그림은 중성 원자 X~Z의 구조를 모형으로 나타낸 것이다. ○, ●, ⊖은 원자를 구성하는 입자이다.

X   Y   Z

이에 대한 설명으로 옳은 것만을 〈보기〉에서 있는 대로 고른 것은?
(단, X~Z는 임의의 원소 기호이다.)

〈보기〉
ㄱ. Y는 X의 동위 원소이다.
ㄴ. 질량수는 Z가 Y보다 크다.
ㄷ. Z에 원자 번호와 질량수를 표시하면 ${}^2_2Z$이다.

① ㄱ   ② ㄴ   ③ ㄱ, ㄷ   ④ ㄴ, ㄷ
⑤ ㄱ, ㄴ, ㄷ

정답: ①

X, Y, Z가 어떤 관계인지 알아봅시다. 먼저 이들은 중성 원자이기에 이온이 아니므로 양성자 수와 전자 수가 같아야 합니다. 따라서 X와 Y는 전자가 각각 1개씩이므로 ○입자는 양성자이고, ●입자는 중성자임을 알 수 있어요. 그렇다면 이들을 구성하는 각 입자 수를 표로 정리해볼게요.

	X	Y	Z
양성자 수	1	1	2
전자 수	1	1	2
중성자 수	1	2	1

따라서 X~Z의 원자 번호와 질량수를 구하면 다음과 같습니다.

	X	Y	Z
원자 번호	1	1	2
질량수	2	3	3

왜 그럴까?

각 원소에 따라 원자핵 속의 양성자 수가 다르므로 이 수를 '원자 번호'로 정한다고 했지요? 이때 중성인 원자에서는 양성자와 전자의 수가 같으므로 원자 번호는 양성자 수이면서 동시에 전자의 수가 되기도 합니다. 질량수는 원자핵을 구성하는 양성자 수와 중성자 수를 합해서 나타냈던 것 기억나시죠?

여기까지 정리한 다음 본격적으로 문제를 풀어봅시다. 먼저 X와 Y는 원자 번호는 같고 질량수가 다르므로 동위 원소의 관계가 맞습니다. 또 Y와 Z는 질량수가 서로 같지요. 마지막으로 원자 번호는 원소 기호 왼쪽 아래에 쓰고, 질량수는 왼쪽 위에 써야 하므로 올바른 표현은 ^3_2Z입니다. 어렵지 않죠?

우리는 지난 시간에 원자량에 대해 배웠습니다. 그런데 실제 원자량은 이번 시간에 다룬 동위 원소의 존재 비율을 고려한 평균 원자량이에요. 어머니가 일란성 쌍둥이 중 한 아이는 밥을 잘 먹고, 한 아이는 편식이 심하다고 해서 차별하지 않고 두 아이 모두 사랑하는 것처럼 원자량은 세상에 존재하는 모든 동위 원소의 존재 비율을 고려해야 한다는 뜻입니다. 예를 들어 자연계에 존재하는 염소(Cl)에는 ^{35}Cl와 ^{37}Cl, 두 종류가 있는데, 이들의 존재 비율이 각각 75%와 25%이므로 평균 원자량은 다음과 같이 구할 수 있는 것이죠.

$$\frac{35 \times 75 + 37 \times 25}{100} = 35.5$$

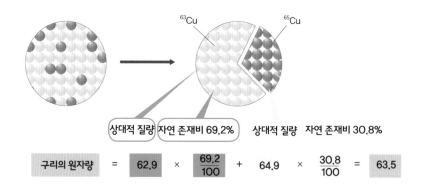

구리의 원자량 = 62.9 × $\frac{69.2}{100}$ + 64.9 × $\frac{30.8}{100}$ = 63.5

　　원자. 그들은 세상 만물을 구성하는 가장 기본적인 입자로서 우리가 바라보는 모든 세상 속 한 칸 한 칸에 자리하고 있습니다. 화학을 돋보이게 하는 보석 같은 존재임이 틀림없지요.

미라클 키워드

· 톰슨의 음극선 실험

  ① 전자의 발견

  ② 전자: 직진성과 입자성을 나타내며 (−)전하를 띠는 입자

· 러더퍼드의 a입자 산란 실험

  ① 원자핵의 발견

  ② 원자핵: 원자의 중심부에 (+)전하를 띠고 질량 대부분을 차지하는 무거운 입자

· 원자의 구성 입자

  ① 원자핵(양성자 + 중성자)과 전자로 구성

  ② 질량: 원자핵의 질량, 전자의 질량은 무시

  ③ 전하량: 전기적으로 중성

· 원자의 표시

  ① 원자 번호 = 양성자 수 = 중성 원자의 전자 수

  ② 질량수 = 양성자 수 + 중성자 수

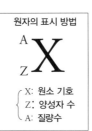

원자의 표시 방법

$$^{A}_{Z}\text{X}$$

X: 원소 기호
Z: 양성자 수
A: 질량수

홀로 남은 화성의 농부, 마크 와트니

「마션(The Martian, 2015)」은 식물학자인 주인공, 마크 와트니가 화성 탐사 중 불의의 사고로 혼자 남겨지면서 생존을 위해 고군분투하는 이야기를 담은 과학 영화입니다. 우주에 혼자 남게 된 마크는 살아남기 위한 첫 번째 전략으로 화성 농사를 기획하게 되죠.

그는 우선 화성의 토양을 기지로 옮긴 후 '유기성 폐기물 인분'으로 처리된 자신과 동료들의 배설물을 거름으로 사용합니다. 그 다음 보관 음식 중 하나인 감자를 심어 새싹을 얻게 되죠. 그런데 식물이 자라기 위해서는 흙, 비료, 종자(씨앗)말고 또 하나의 요건이 더 필요합니다. 바로 물, H_2O인데

화성 농부 1호, 마크 와트니(출처: 네이버 영화)

요. 똑똑한 과학자인 마크는 자신의 과학 지식을 이용해 물을 만들기로 합니다. 사막 같은 화성에서 그는 어떻게 물을 만들 수 있었을까요?

우선 물(H_2O)이 생성되려면 수소(H_2)와 산소(O_2)가 필요한데요($2H_2+O_2 \rightarrow H_2O$). 그는 화성 하강선에 남은 로켓 연료인 수백 리터의 하이드라진(hydrazine, N_2H_4)을 이용합니다. 이리듐(Ir) 족매를 첨가해 질소(N_2)와 수소(H_4)로 분해한 후, 그 '수소를 작은 공간에 넣고 불태우기 작전!'을 펼치죠. 수소를 연소, 즉 산화시키는 원리입니다. 이렇게 산소와 반응한 수소는 물(H_2O)의 형태로 바뀌게 되고 마크는 이 물을 모아 농사에 사용합니다. 과학 지식을 이용해 화성에서 식물을 키운 농부가 탄생하게 된 순간입니다. 시간이 흘러 싹이 자라고 감자까지 수확함으로써 그는 구조대가 올 때까지 식량 걱정은 덜게 되었는데요. 과학을 이용한 감자 농사(?)가 생존 전략의 출발점이 된 셈입니다.

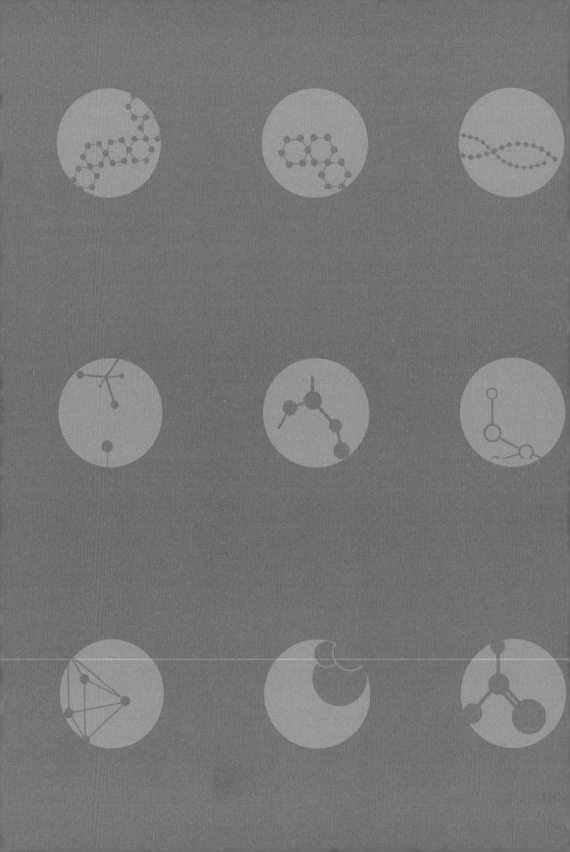

6

청출어람,
원자 모형의 발전

러더퍼드의 행성 모양

1803년 돌턴은 화학 반응에서 질량 보존 법칙과 일정 성분비의 법칙을 설명하기 위해 "원자는 더 이상 쪼갤 수 없는 단단한 공과 같다"는 원자설을 제안합니다. 그에 따르면 원자는 그저 속이 단단한 공에 불과했죠. 그러다 1807년, 톰슨이 음극선 실험 결과 전자를 발견합니다. 톰슨은 마치 푸딩에 건포도가 알알이 박힌 것처럼 (+)전하를 띠는 입자에 (-)전하를 띠는 전자가 알맹이처럼 분포하고 있는 원자 모형을 제안하지요.

시간이 흘러 1911년, 톰슨의 제자인 러더퍼드는 스승의 원자 모형을 확인하기 위해 a입자 산란 실험을 진행합니다. 그런데 이 과정에서 예상했던 결과와 실험 결과가 다르게 나타남으로써 원자핵을 발견하게 되지요. 이로써 원자 모형은 푸딩 모형에서 '원자의 중심에 부피가 작고 밀도가 큰 (+)전하를 띠는 원자핵이 있고, 그 주위를 (-)전하를 띠는 전자가 돌고 있는 행성 모형'으로 발전합니다. 톰슨과 러더퍼드의 실험으로 원자는 전자와 원자핵으로 이루어져 있으며, 핵 속에는 양성자가 존재한다는 사실이 밝혀진 것이죠.

그런데 여기서 문제가 드러납니다. 전하를 나타내는 입자가 원운동을 하면 입자는 에너지를 잃게 되고, 이때 잃은 에너지는 빛으로 방출된다는 전자기학 이론을 피해갈 수 없었거든요. 다시 말해 전자는 전하를 띠므로 행성과 같이 원운동을 하면 빛을 내면서 에너지를 잃게 되는데, 이때 원자핵의 전자에 대한 인력은 그대로 작용하므로 이 힘에 의해 전자가 중심인 원자핵 쪽으로 끌려올 수밖에 없다는 뜻입니다. 따라서 원자핵과 전자는 필연적으로 '꽝' 하고 충돌한다는 의미지요. 그것도 약 1억 분의 1초 만에 일어나는 일이라고 하니 이러한 논리라면 러더퍼드의 원자 모형으로는 원자가 안정적인 상태로 존재할 수가 없었습니다.

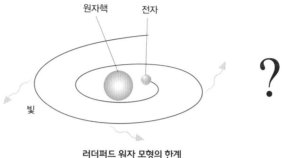

러더퍼드 원자 모형의 한계

당시 발견됐던 수소의 선 스펙트럼 현상도 러더퍼드의 원자 모형으로는 설명이 되지 않았습니다. 그림 (가)와 같이 백열전구의 빛을 분광기[20]에 통과시키면 예쁜 무지개처럼 연속적인 스펙트럼이 나타나는데요. 반면 그림 (나)를 보세요. 소량의 수소 기체가 들어 있는 유리관에 고전압을 걸어주면 유리관에서 빛이 방출됩니다. 이 빛을 프리즘으로 분해하면 특정한 파장의 빛으로 이루어진 불연속적인 스펙트럼이 나타난답니다.

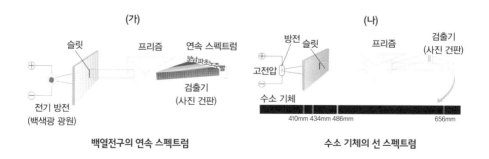

백열전구의 연속 스펙트럼 **수소 기체의 선 스펙트럼**

20) 빛 따위의 전자파나 입자선을 파장에 따라 스펙트럼 분석하여 그 세기와 파장을 검사하는 장치.

그렇다면 왜 러더퍼드의 원자 모형으로는 선 스펙트럼 현상을 설명하기 어려웠을까요? 그의 원자 모형은 언덕을 내려가는 공에 비유할 수 있습니다. 에너지를 잃으면서 중심의 원자핵으로 끌려가는 전자의 원운동을 머릿속에 떠올려 보세요. 연속적으로 나선형을 그리며 중심으로 다가서는 전자의 움직임이 그려지나요?

즉, 연속적인 전자의 움직임에 의해 발생하는 에너지 차이는 그림과 같이 연속된 화살표의 연장으로 표현되고, 결국 원자의 스펙트럼은 마치 무지개와 같은 연속 스펙트럼으로 나타나야 되는 것입니다. 수많은 선들이 겹쳐져 이루어진 연속된 선들의 집합처럼 말이죠.

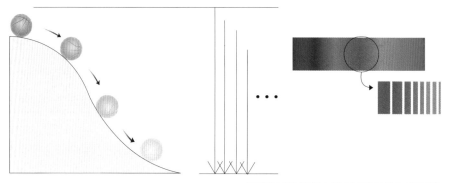

러더퍼드 모형에 따른 에너지 변화와 연속 스펙트럼

그런데 이때 당시 발견된 스펙트럼은 특정 파장을 지닌 선 스펙트럼이었잖아요? 따라서 1913년 보어(Niels Henrik David Bohr, 1885~1962)는 러더퍼드의 원자 모형을 부정하고 몇 가지 가설을 바탕으로 새로운 원자 모형을 제시합니다. 그의 창의적 발상으로 새로운 원자 구조에 대한 해결의 실마리를 찾게 된 것이죠.

의 원자 모형과 전자 껍질

보어는 먼저 원자핵 주위의 전자는 무질서하게 운동하는 것이 아니라 특정한 에너지를 가진 원형 궤도를 따라 원운동 한다고 생각했고, 전자가 원운동 하는 궤도를 '전자 껍질'이라 칭했습니다. 그는 이 전자 껍질을 원자핵에서 가까운 것부터 K(n=1), L(n=2), M(n=3), N(n=4)… 등의 기호로 표현했어요. 이때 n은 주양자수[21]라고 부릅니다. 보어는 각 궤도가 가지는 전자 껍질의 에너지 준위(E_n)[22]는 주양 자수(n)에 의해 결정되고, 주양자수가 클수록 에너지가 높아진다고 제안했지요.

$$E_n = -\frac{1312}{n^2} \ \text{kJ/mol}(n=1, 2, 3, 4\cdots)$$

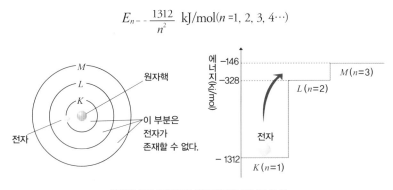

보어의 원자 모형과 각 전자 껍질의 에너지 준위

그러면 전자는 같은 전자 껍질을 돌고 있을 때에는 에너지를 흡수하거나 방출하지 않지만, 에너지 준위가 다른 전자 껍질로 이동할 때는 두 전자 껍질의 에너지 준위 차이만큼 에너지를 흡수하거나 방출할 수 있게 됩니다.

---

21) 원자 내 전자 오비탈을 결정하고, 원자의 에너지값을 대략적으로 결정하는 양자수.
22) 원자나 분자가 갖는 에너지의 값. 또는 그 상태.

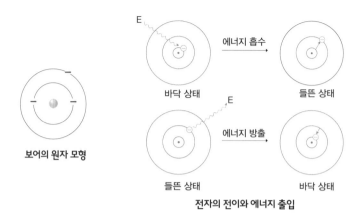

보어의 원자 모형

전자의 전이와 에너지 출입

　원자의 구조에 나타난 전자 껍질을 에너지 준위를 가진 층계로 생각하면 훨씬 이해하기 쉽습니다. 각 층계마다 공이 내려오는 것처럼 층계와 층계 사이에 생긴 에너지 차이만큼 빛의 파장으로 관측될 수 있다는 것을 의미하지요.

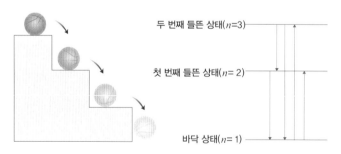

수소의 전자 껍질에 대한 불연속적인 에너지 준위

그렇다면 다시 앞으로 돌아가 수소의 선 스펙트럼이 어떻게 나타났는지 정리해 볼게요. 먼저 수소 기체가 들어 있는 유리관에 고전압을 걸어주면 음극에서 양극으로 흘러가던 높은 에너지를 가진 전자가 수소 분자와 충돌하면서 수소 원자가 만들어집니다. 이때 수소 원자는 계속해서 높은 에너지의 전자와 충돌하기 때문에 에너지가 높은 상태의 '들뜬 상태[23]'가 되지요. 이렇게 들뜬 상태의 수소 원자가 에너지가 낮은 상태로 전이되면 두 전자 껍질의 에너지 차이만큼 빛이 방출됩니다. 이때 그 에너지의 차이에 따라 자외선 영역, 가시광선 영역, 적외선 영역에 해당하는 파장을 가진 스펙트럼이 얻어집니다(이러한 수소의 선 스펙트럼 계열은 발견자의 이름을 따서 만들어졌답니다).

수소의 가시광선 영역에서의 전자 전이

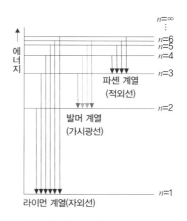

수소의 전자 전이에 따른 스펙트럼 계열

따라서 수소 원자의 경우 n이 2이거나 2보다 큰 전자 껍질에 위치한 전자가 n이 1인 전자 껍질로 전이할 경우 스펙트럼은 모두 자외선 영역에 나타나게 됩니다. 마찬가지로 n이 3이거나 3보다 큰 전자 껍질에 위치한 전자가 n이 2인 전

---

23) 양자론에서 원자나 분자에 있는 전자가 바닥 상태에 있다가 외부의 자극에 의해 일정한 에너지를 흡수하여 보다 높은 에너지로 이동한 상태. 수소 원자의 경우 원자 번호가 1로서 전자가 1개만 있기 때문에 가장 안쪽 전자 껍질인 $K(n=1)$에 전자가 위치하는데, 이러한 상태를 '바닥 상태'라고 표현한다.

자 껍질로 전이할 경우에는 가시광선 영역에, n이 4이거나 4보다 큰 전자 껍질에 위치한 전자가 n이 3인 전자 껍질로 전이할 경우 스펙트럼은 적외선 영역에 나타나게 되죠.

함께 문제를 풀어보면 더 잘 이해할 수 있을 거예요.

멋지게 풀어요! [전국연합학력평가]

그림은 수소 원자의 에너지 준위와 몇 가지 전자 전이를 나타낸 것이다.

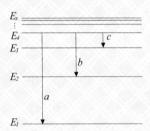

$a \sim c$에 대한 설명으로 옳은 것만을 〈보기〉에서 있는 대로 고른 것은?
(단, 수소 원자의 주양자수 n에 따른 에너지 준위(E_n)는 $-\dfrac{1312}{n^2}$ kJ/mol이다.)

〈보기〉
ㄱ. a에 의해 방출되는 빛의 파장이 가장 짧다.
ㄴ. a와 b에 의해 방출되는 에너지 비는 5:1 이다.
ㄷ. c에 의해 방출되는 빛은 자외선 영역에 해당한다.

① ㄱ   ② ㄷ   ③ ㄱ, ㄴ   ④ ㄴ, ㄷ   ⑤ ㄱ, ㄴ, ㄷ

정답: ③

먼저 각 전자 전이가 어떻게 일어났는지 분석해볼게요.

전자 전이	전이 전 주양자수(n)	전이 후 주양자수(n)	영역	계열
a	4	1	자외선	라이먼
b	4	2	가시광선	발머
c	4	3	적외선	파셴

분석 결과를 토대로 문제를 풀어보도록 할까요? 빛의 파장은 에너지와 반비례 관계에 있으므로 에너지 준위의 차이(ΔE)가 가장 큰 a에 의해 방출되는 빛의 파장이 가장 짧게 나타납니다. 한편 주양자수(n)에 따른 각 전자 껍질의 에너지 준위(En)는 $-\dfrac{1312}{n^2}$ kJ/mol(n=1, 2, 3, 4$\cdots$)이므로 n_2에서 n_1으로의 전자 전이에 따른 빛의 에너지(kJ/mol)는 $\Delta E = -1312\left(\dfrac{1}{n_2^2} - \dfrac{1}{n_1^2}\right)$ 로 나타낼 수 있습니다. 따라서 a와 b에 의해 방출되는 에너지 비는 $-1312\left(\dfrac{1}{4^2} - \dfrac{1}{1^2}\right) : -1312\left(\dfrac{1}{4^2} - \dfrac{1}{2^2}\right)$ $= \dfrac{15}{16} : \dfrac{3}{16}$ = 5 : 1이 됩니다.

그런데 사실 보어의 주장도 완벽하지는 않았습니다. 전자가 원자핵 주위의 일정한 에너지 준위를 갖는 궤도를 따라 움직인다는 보어의 원자 모형으로 수소 원자의 선 스펙트럼은 완벽하게 설명할 수 있었지만, 전자를 2개 이상 가진 다(多)전자 원자들의 경우 고성능 분광기로 관찰하면 1개의 선으로 보였던 스펙트럼 선이 2개 이상의 선으로 관찰되었거든요. 때문에 전자 껍질 내에 에너지 준위가 다른 상태가 또 존재한다는 것을 알 수 있었습니다.

헬륨과 수소의 선 스펙트럼

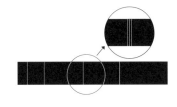

고성능 분광기로 관찰한 헬륨의 선 스펙트럼

또한 보어의 원자 모형에 따르면 전자는 원자핵 주위의 정해진 궤도를 원운동하고 있기에 '원자 안에서 전자의 위치와 에너지를 동시에 정확히 정의'할 수 있어야 하는데요. 1920년 이후 과학자들은 전자와 같이 질량이 매우 작고 빠르게 운동하는 입자의 경우 그 위치와 운동량을 동시에 정확하게 '알 수 없음'을 밝혀냈답니다. 다시 말해 "전자가 이 시간쯤, 이 위치에 있을 거야!"라고 예상할 수 없다는 의미죠. 이에 과학자들은 보어의 원자 모형에 수정이 필요하다는 사실을 깨닫게 됩니다.

전자, 구름에 흔적을 남기다

한편 원자의 구조를 수학적으로 접근해 풀어가게 되면서 원자가 입자의 성질과 파동의 성질을 함께 갖고 있음을 이용하기에 이릅니다. 오스트리아의 이론 물리학자인 에어빈 슈뢰딩거(Erwin Schrödinger, 1887~1961)와 영국의 물리학자인 막스 보른(Max Born, 1882~1970) 등에 의해 전자가 가진 '파동의 성질'을 이용해 원자핵 주위에 존재하는 전자의 위치와 운동량을 정확하게 알 수는 없지만 핵 주위에 전자가 존재하는 공간을 확률로는 표현할 수 있게 된 것이죠. 따라서 전자가 존재하는 영역을 '구름'처럼 표현하며, 전자가 존재할 확률이 높은 영역은 구름을 짙게 하고, 확률이 낮은 영역은 구름을 옅게 하여 나타내게 되었답니다.

이렇게 공간에서 전자가 존재하는 확률을 나타낸 함수를 '궤도 함수' 또는 '오비탈'이라고 하며 이에 따른 현대적 원자 모형을 '전자구름 모형'이라고 부르게 되었습니다.

이 모형에서는 원자의 경계를 뚜렷하게 정할 수 없기 때문에 전자의 존재 확률이 90%인 공간을 나타내는 경계면 그림으로 오비탈[24]을 표현합니다. 따라서 전자구름 모형의 각 점들은 '무수히 많은 전자'를 의

에어빈 슈뢰딩거

---

24) 원자, 분자, 결정 속의 전자나 원자핵 속의 핵자 따위의 양자 역학적인 분포 상태를 이르는 말.

미하는 것이 아니라 '하나의 전자'가 머무를 수 있는 무수히 많은 영역, 또는 하나의 전자가 남긴 자취라고 봐도 무방하지요. 이때 전자가 남긴 자취에 해당하는 오비탈은 보어가 제시한 특정 전자 껍질에 정해진 수만큼 존재하게 되므로 보어의 원자 모형을 좀 더 확대 해석한 개념으로 볼 수 있습니다.

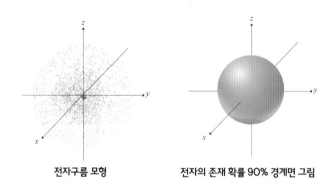

전자구름 모형   전자의 존재 확률 90% 경계면 그림

	원자 모형의 변천		한계점
돌턴 (1803) 공 모형		화학 반응에서 질량 보존 법칙, 일정 성분비 법칙 등을 설명하기 위해 제안 ⇒ 원자는 단단하고 더 이상 쪼갤 수 없는 작은 공	톰슨의 음극선 실험 결과를 설명할 수 없다.
톰슨(1897) 푸딩 모형	전자	음극선 실험 결과를 설명하기 위해 제안 ⇒ (+)전하가 고르게 분포되어 있는 공 속에 (−)전하를 띤 전자가 박혀 있는 모형	러더퍼드의 α입자 산란 실험 결과를 설명할 수 없다.
러더퍼드(1911) 행성 모형	원자핵	α입자 산란 실험 결과를 설명하기 위해 제안 ⇒ 부피가 작고 밀도가 큰 (+)전하를 띠는 원자핵이 중심에 있고, 그 주위를 (−)전하를 띠는 전자가 돌고 있는 모형	원자의 안정성과 수소 원자의 선 스펙트럼을 설명할 수 없다.
보어(1913) 궤도 모형		수소 원자의 선 스펙트럼을 설명하기 위해 제안 ⇒ 전자는 원자핵 주위의 특정한 에너지 준위를 가진 궤도상에서만 원운동하는 모형	전자가 2개 이상인 다전자 원자의 선 스펙트럼을 설명할 수 없다.
현대 전자구름 모형		다전자 원자의 선 스펙트럼 현상과 전자의 파동성을 설명하기 위해 제안 ⇒ 전자를 발견할 확률 분포가 구름과 같은 모양으로 퍼진 모형	

원자 모형의 변천사

표로 정리하니 원자 모형이 어떻게 변해왔는지 한눈에 그려지시죠? 이처럼 과학자들은 그들의 스승이 이룬 노력의 결실에 더해 발전된 원자 모형을 내놓기도 하고, 선행 연구에 기반을 둔 새로운 실험으로 원자 모형을 발전시킬 수 있었습니다. 말 그대로, 청출어람(靑出於藍)을 통해 과학이 발전하게 된 것이죠!

멋지게 풀어요! [대수능 모의평가]

그림은 3가지 원자 모형 A~C를 주어진 기준에 따라 분류한 것이다. A~C는 각각 톰슨, 보어, 현대적 원자 모형 중 하나이다.

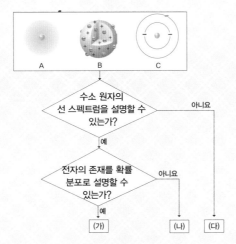

(가)~(다)에 해당하는 원자 모형으로 옳은 것은?

	(가)	(나)	(다)
①	A	B	C
②	A	C	B
③	B	A	C
④	B	C	A
⑤	C	A	B

정답: ②

먼저 A, B, C가 각각 어떤 원자 모형에 해당하는지 알아야겠죠? A는 현대적 원자 모형인 전자구름 모형에 해당하고, B는 톰슨의 음극선 실험에 의해 얻어진 푸딩 모형, C는 보어의 전자궤도 모형입니다. 따라서 수소 원자의 선 스펙트럼을 설명할 수 없는 (다)의 경우 B가 되고, 전자의 존재를 확률 분포로 설명하는 원자 모형은 현대적 원자 모형인 A에 해당하므로 (가)는 A, (나)는 C가 된답니다.

오! 신비한 원자의 궤도 오비탈

오비탈에 대해 좀 더 자세히 알아보도록 합시다. 오비탈, 전자의 궤도 함수는 원자핵 주위의 공간에 전자가 존재하는 확률을 나타내는 함수라고 했는데요. 크기와 에너지 준위를 나타내는 주양자수(n)와 함께 표시합니다.

먼저 s 오비탈부터 살펴볼게요. s 오비탈은 공 모양으로 이 오비탈에 위치한 전자들이 남긴 흔적, 즉 전자가 발견될 확률은 구형으로 나타납니다. 따라서 핵으로부터의 거리에만 의존하고, 특정한 방향성이 나타나지 않아요. 또한 s 오비탈은 모든 전자 껍질에 1개씩 존재하며 모양은 같지만 크기가 달라지는데요. 예를 들어 $1s$ 오비탈과 $2s$ 오비탈의 경우 서로 모양은 같지만, $2s$ 오비탈이 $1s$ 오비탈의 크기보다 더 크답니다.

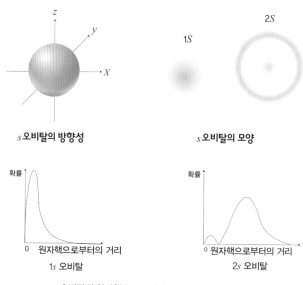

s 오비탈의 방향성

s 오비탈의 모양

$1s$ 오비탈

$2s$ 오비탈

s 오비탈의 원자핵으로부터의 거리에 따른 전자 발견 확률

한편 *p* 오비탈은 아령 모양인데요. 원자핵으로부터의 거리와 방향에 따라 전자가 발견될 확률이 다르게 나타납니다. 방향에 따라 p_x, p_y, p_z 3개의 오비탈이 존재하는데, 이들의 에너지 준위는 같지만 각 축에 따라 위치가 다른 오비탈로 존재하게 되는 것이죠. 또한 *n*이 1인 K껍질에는 존재하지 않고, *n*이 2인 L껍질 이상부터 존재하므로 1*p* 오비탈은 없지만, 2*p* 오비탈이나 3*p* 오비탈은 존재합니다.

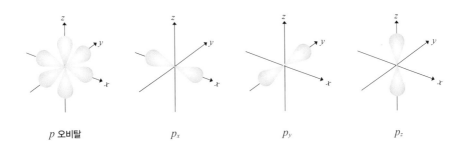

p 오비탈 p_x p_y p_z

이처럼 각 전자 껍질에 모든 종류의 오비탈이 존재하는 것은 아니에요. 주양자수(*n*)에 따라 오비탈 수가 제한되지요. 따라서 각 전자 껍질에 존재하는 오비탈의 종류는 주양자수(*n*)와 같고, 오비탈의 수는 n^2이 됩니다. 또한 같은 오비탈에는 전자가 최대 2개까지 채워질 수 있으므로 주양자수가 *n*인 궤도 함수에 들어갈 수 있는 전자의 총 개수는 $2n^2$이 됩니다.

다음 표와 같이 *n*=3인 M 전자 껍질의 경우 3종류의 오비탈, 즉 *s*, *p*, *d* 오비탈이 존재하게 되고, 총 오비탈 수는 3^2=9로서 3*s* 1개, $3p_x$, $3p_y$, $3p_z$로 3개, $3d_{x^2-y^2}$, $3d_{z^2}$, $3d_{xz}$, $3d_{xy}$, $3d_{yz}$로 5개, 총 9개가 존재함을 알 수 있습니다. 한편 한 오비탈에는 전자가 최대 2개까지 들어가므로 총 2×3^2=18개의 전자가 들어 갈 수 있지요.

전자 껍질		K	L		M		
주양자수(n)	오비탈의 크기와 에너지를 결정하는 양자수	1	2		3		
오비탈의 종류 (n개)	주양자수가 n인 전자 껍질 속에 전자가 취할 수 있는 다양한 에너지의 상태	s	s	p_x, p_y, p_z	s	p_x, p_y, p_z	$d_{x^2-y^2}, d_{z^2}, d_{xz}, d_{xy}, d_{yz}$
총 오비탈 수 (n^2개)		1	4		9		
최대 수용 전자 수($2n^2$)	1개의 오비탈에 수용될 수 있는 최대 전자 수는 2개	2	2	6	2	6	10

전자 껍질을 구성하는 오비탈의 종류와 최대 수용 전자 수

어느 날 "공부 좀 해볼까?"하며 마음을 가다듬고 책상에 앉았는데 책상 위에 놓인 참고서와 문제집, 교과서와 프린트가 아무렇게나 널브러져 뒤죽박죽 엉망이 되어 있던 경험이 있나요? 한쪽으로 싹 밀어둔 채 공부를 시작할 수도 있지만, 아마 여러분 중 대부분은 책상을 말끔히 정리한 다음 공부를 시작할 겁니다. 노트와 책을 종류별로 정리하고 교과서도 과목별, 중요도별로 책장에 꽂아 정리하겠죠.

가장 작은 입자인 원자의 세계도 마찬가지입니다. 전자가 여러 개인 다(多)전자 원자의 경우 중심에는 원자핵이 있고, 그 속에 양성자와 중성자가 자리를 잡고 있으며, 전자는 자신이 위치해야 할 영역(오비탈)에 차례대로 배치되어 자신이 움직인 위치를 확률로써 드러내며 존재하는 것입니다.

· 보어의 원자 모형

① 전자 껍질: 전자가 원운동 하는 궤도, K(n=1), L(n=2), M(n=3), N(n=4)···

② 전자 껍질의 에너지 준위(E_n): $E_n = -\dfrac{1312}{n^2}$ kJ/mol(n=1, 2, 3, 4···)

· 수소 원자의 불연속적인 선 스펙트럼

스펙트럼 계열	스펙트럼 영역	전자 전이
라이먼 계열	자외선 영역	전자가 $n \geqq 2$인 전자 껍질에서 n=1인 K껍질로 전이할 때
발머 계열	가시광선 영역	전자가 $n \geqq 3$인 전자 껍질에서 n=2인 L껍질로 전이할 때
파셴 계열	적외선 영역	전자가 $n \geqq 4$인 전자 껍질에서 n=3인 M껍질로 전이할 때

· 현대의 원자 모형

① 오비탈: 전자가 원자핵 주위의 공간에 존재할 확률을 나타내는 함수

② 오비탈의 종류

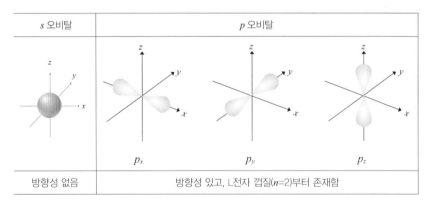

s 오비탈	p 오비탈		
	p_x	p_y	p_z
방향성 없음	방향성 있고, L전자 껍질(n=2)부터 존재함		

③ 총 오비탈 수(n^2), 최대 수용 전자 수($2n^2$)

· 원자 모형의 변천

돌턴 ⇒ 톰슨 ⇒ 러더퍼드 ⇒ 보어 ⇒ 현대

전자

원자핵

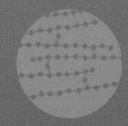

7

개성있는
원소

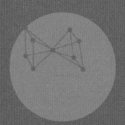

배치①: 쌍음 원리

코스모스가 어우러진 가을의 황금 들판, 잘 익은 벼 이삭과 분홍빛 코스모스가 바람에 흔들리며 저마다의 빛깔을 뽐냅니다. 이는 각 식물이 가진 고유의 DNA에 색을 결정하는 정보가 담겨 있기 때문인데요. DNA에는 탄소(C), 수소(H), 산소(O), 질소(N) 등의 원소가 들어 있습니다. 이 원소들은 각각 개성에 따라 고유한 역할을 담당하고 있지요.

원소들의 특성은 그들이 가진 입자에 의해 나타납니다. 특히 각 원자가 가진 전자들이 어떻게 배치되느냐에 따라 서로 다른 모습을 드러내게 되지요. 따라서 이번 강에서는 원자가 가진 전자들이 원자의 구조 속에서 어떻게 배치되는지 살펴보도록 하겠습니다.

이전 시간에 우리는 전자가 매우 빠른 속도로 움직이기 때문에 정확한 위치는 알 수 없지만, 그들이 머물렀던 자취, 즉 분포했던 확률은 알 수 있다고 배웠지요? 다음 그림처럼 각 전자 껍질에는 오비탈의 세계가 존재하고, 그 오비탈에 전자가 배치됩니다.

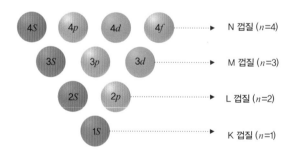

각 전자 껍질에 허용되는 오비탈의 종류

따라서 수소(H) 원자의 경우 전자가 1개만 존재하므로 바닥 상태에서 전자는 에너지가 가장 낮은 $n=1$인 $1s$ 오비탈에 머무르게 됩니다. 이때 바닥 상태였던 전자가 에너지를 얻어 $n=2$인 상태까지 올라가게 되면 1개의 $2s$ 오비탈과 3개의 $2p$ 오비탈 중 어느 곳이든 들어갈 수 있게 되죠. 왜냐하면 $2s$ 오비탈과 $2p$ 오비탈의 에너지 준위가 같기 때문입니다.

그러나 전자가 2개 이상일 경우 오비탈의 에너지 준위는 달라집니다. 즉, 다(多)전자 원자의 경우 핵과 전자 사이뿐만 아니라 전자끼리도 상호 작용을 하게 되므로 주양자수(n)는 물론 오비탈의 모양도 에너지 준이에 영향을 미치게 돼요. 따라서 오비탈의 에너지 준위에 서열이 생깁니다. 이때 전자들은 에너지 준위가 서로 다른 오비탈 중에서 가장 낮은 에너지 준위를 가진 오비탈부터 차례대로 채워지게 되죠. 이렇게 전자가 채워지는 원리를 '쌓음 원리' 또는 'Aufbau 원리'라고 합니다. aufbau는 '집을 짓는다'라는 뜻의 독일어 'aufbauen'을 의미하며 집의 벽돌담을 쌓을 때 '아래부터 쌓는다'라는 뜻을 담고 있어요.

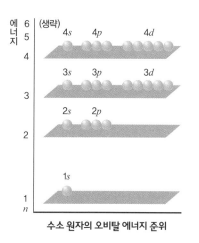

수소 원자의 오비탈 에너지 준위

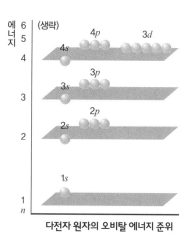

다전자 원자의 오비탈 에너지 준위

그림을 보면 다전자 원자의 경우 3d 오비탈의 에너지 준위가 4s 오비탈보다 높은 재미있는 현상을 확인할 수 있는데요. 이와 같이 예외적인 오비탈의 에너지 준위가 헷갈리지 않도록 한 번에 알 수 있는 방법이 있답니다. 바로 '지그재그(zigzag)' 순서예요. 이 순서를 따라가면 에너지 준위에 따른 오비탈에 전자가 차례대로 채워져 순서가 잘 들어맞는답니다.

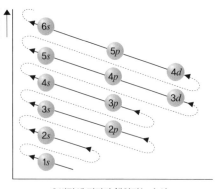

오비탈에 전자가 채워지는 순서

배치②: 파울리의 배타 원리

전자가 배치되는 또 다른 원리로는 '파울리의 배타 원리'가 있습니다. 팽이가 축을 중심으로 회전하는 것과 같이 전자도 자신의 축을 중심으로 회전하게 되는데, 이러한 성질을 스핀이라고 하며, 두 가지 스핀 방향을 화살표(↑, ↓)로 표현합니다. 한 오비탈에 전자는 최대 2개까지 채워질 수 있으므로 2개의 전자가 한 오비탈에 채워질 경우 서로 다른 스핀 방향으로 놓이게 되지요.

예를 들어볼게요. 베릴륨($_4$Be)은 전자가 4개이므로 $1s^2\,2s^2$의 전자 배치를 하게 됩니다. 이때 스핀 방향은 서로 반대가 되어 한 오비탈에 존재해야 하므로 그림 (가)와 같은 전자 배치를 하게 되죠. (나)나 (다)와 같은 전자 배치는 불가능합니다.

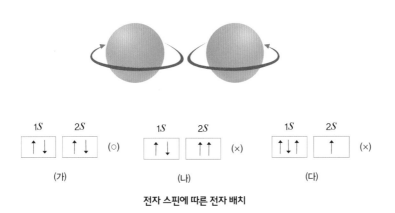

전자 스핀에 따른 전자 배치

배치③: 훈트 규칙

'훈트 규칙'은 아버지가 주시는 용돈에 비유할 수 있습니다. 아버지가 퇴근 후 3형제를 불러 3만원을 용돈으로 주셨다고 가정해보죠. 맏형에게 "장남인 네가 3만 원을 모두 가지렴"이라고 하시는 것과 "3형제이니 각각 1만 원씩 나눠 가지거라"라고 하시는 것 중 어느 쪽이 공정한가요? 물론 모두에게 골고루 용돈을 주시는 편이 훨씬 공정하지요. 전자의 세계에서도 마찬가지입니다. 에너지 준위가 같은 오비탈에 전자가 배치될 경우 가능한 한 홀전자 수가 많도록 배치되려고 하지요. 한 오비탈에 전자 2개가 동시에 들어가는 것보다 에너지가 같은 다른 오비탈에 각각 전자가 들어가는 것이 전자 사이의 반발력을 줄여 더 안정하기 때문입니다.

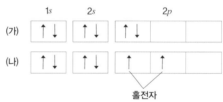

왜 그럴까?

같은 에너지 준위인 $2p$ 오비탈에 있는 전자가 2개이므로 짝을 짓지 않은 홀전자의 수가 2개인 (나)가 (가)보다 안정하답니다.

여기까지, 3가지의 원리를 적용해 전자를 배치해보았는데요. 각 오비탈에 전자를 배치한 후 주양자수와 오비탈의 종류, 오비탈의 공간 방향과 채워진 전자 수를 이용하여 다음과 같이 표시할 수 있습니다.

자, 이제 원자 번호 1번인 수소(H)부터 20번인 칼슘(Ca)까지 어떻게 전자가 배치되었는지 표를 통해 살펴보도록 하죠.

원자 번호	원소 기호	오비탈							전자 배치
		1s	2s	2p	3s	3p	3d	4s	
1	H								$1s^1$
2	He								$1s^2$
3	Li								$1s^2 2s^1$
4	Be								$1s^2 2s^2$
5	B								$1s^2 2s^2 2p^1$
6	C								$1s^2 2s^2 2p^2$
7	N								$1s^2 2s^2 2p^3$
8	O								$1s^2 2s^2 2p^4$
9	F								$1s^2 2s^2 2p^5$
10	Ne								$1s^2 2s^2 2p^6$
11	Na								$1s^2 2s^2 2p^6 3s^1$
12	Mg								$1s^2 2s^2 2p^6 3s^2$
13	Al								$1s^2 2s^2 2p^6 3s^2 3p^1$
14	Si								$1s^2 2s^2 2p^6 3s^2 3p^2$
15	P								$1s^2 2s^2 2p^6 3s^2 3p^3$
16	S								$1s^2 2s^2 2p^6 3s^2 3p^4$
17	Cl								$1s^2 2s^2 2p^6 3s^2 3p^5$
18	Ar								$1s^2 2s^2 2p^6 3s^2 3p^6$
19	K								$1s^2 2s^2 2p^6 3s^2 3p^6 4s^1$
20	Ca								$1s^2 2s^2 2p^6 3s^2 3p^6 4s^2$

원자 번호 1~20번까지의 오비탈 전자 배치

그럼 문제를 풀어보면서 지금까지 배운 내용을 머릿속에 새겨봅시다.

그림은 몇 명의 학생들이 산소 원자의 전자를 오비탈에 임의로 배치한 것을 나타낸 것이다.

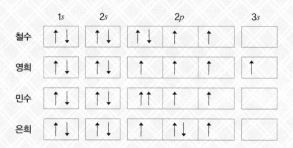

산소 원자의 바닥 상태 전자 배치를 옳게 나타낸 학생만을 그림에서 있는 대로 고른 것은?

① 철수   ② 영희   ③ 철수, 민수   ④ 철수, 은희   ⑤ 민수, 은희

정답: ④

누가 산소 원자의 바닥 상태 전자 배치를 잘 나타냈는지 함께 살펴볼까요? 우선 산소 원자의 경우 원자 번호 8번에 해당하므로 총 8개의 전자를 배치해야 합니다. 이때 바닥 상태의 전자 배치란 에너지가 가장 낮은 안정한 상태의 전자 배치로서 '쌓음 원리', '파울리 배타 원리', '훈트 규칙'을 모두 만족하는 전자 배치여야 하지요. 따라서 철수와 은희가 옳게 표현했음을 알 수 있습니다.

 왜 그럴까?

다전자 원자에서 전자가 채워질 때, 에너지 준위가 낮은 오비탈부터 차례대로 채워지는 것을 '쌓음 원리'라고 했지요? '파울리의 배타 원리'와 '훈트 규칙'도 함께 적용해보면 한 오비탈에 스핀 방향이 반대인 전자 2개가, 또 홀전자가 많도록 배치되는 바닥 상태를 고를 수 있어요.

영희의 경우 $2p$ 오비탈에 전자가 모두 채워지지 않은 상태에서 $3s$ 오비탈에 전자가 채워져 있으므로 들뜬 상태의 전자 배치로 볼 수 있습니다. 민수는 어떤가요? 스핀 방향이 같은 상태의 전자 2개가 한 오비탈에 들어가 있기 때문에 파울리 배타 원리에 위배되어 불가능한 전자 배치가 되겠죠.

원소의 개성=전자 배치

원자가 전자를 잃어서 양이온이 되거나, 전자를 얻어서 음이온이 될 때 전자 배치는 어떻게 달라질까요? 나트륨($_{11}$Na)의 경우 에너지 준위가 가장 높은 3s 오비탈의 전자를 잃고 양이온($_{11}$Na$^+$)이 되면서 비활성 기체인 네온($_{10}$Ne)의 전자 배치를 이루게 됩니다.

음이온도 마찬가지예요. 플루오린($_9$F)의 경우 전자가 채워지지 않은 오비탈 중에서 에너지가 가장 낮은 오비탈에 전자를 채워 비활성 기체인 네온($_{10}$Ne)의 전자 배치를 이루면서 음이온($_9$F$^-$)이 됩니다.

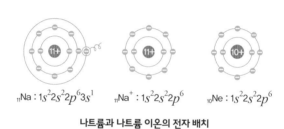

$_{11}$Na : $1s^2 2s^2 2p^6 3s^1$ $_{11}$Na$^+$: $1s^2 2s^2 2p^6$ $_{10}$Ne : $1s^2 2s^2 2p^6$

나트륨과 나트륨 이온의 전자 배치

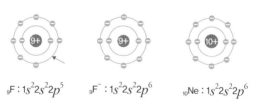

$_9$F : $1s^2 2s^2 2p^5$ $_9$F$^-$: $1s^2 2s^2 2p^6$ $_{10}$Ne : $1s^2 2s^2 2p^6$

플루오린과 플루오린 이온의 전자 배치

이번에는 보어의 원자 모형에 전자를 배치해볼까요? 보어는 전자 껍질을 제시했었죠? 따라서 각 전자를 에너지 준위가 낮은 K 전자 껍질부터 차례대로 채우면 됩니다.

전자 3개를 가진 리튬($_3$Li)의 경우 K 전자 껍질에 2개, L 전자 껍질에 1개의 전자가 채워지게 되죠. 11번의 나트륨($_{11}$Na)은 여러분이 직접 해볼까요? 그래요. K 전자 껍질에 2개, L 전자 껍질에 8개, M 전자 껍질에 1개가 채워지겠죠?

다음은 보어의 원자 모형에 따른 원자 번호 1번부터 18번까지 원자들의 바닥 상태의 전자 배치를 나타낸 그림입니다. 이때 원자의 가장 바깥 전자 껍질에 배치되어 있는 전자를 원자가(原子價) 전자라고 하지요. 원자가(原子價) 전자의 수는 원소의 화학적 성질을 결정하므로 이 수가 같을 경우 원소의 화학적 성질이 비슷하게 나타납니다.

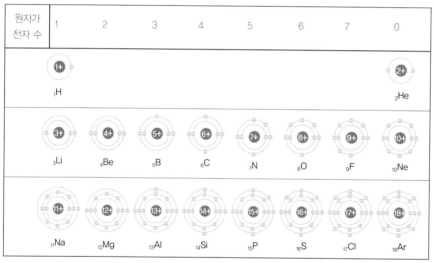

원자 번호 1~18번 원소의 전자 껍질에 따른 전자 배치

원소가 저마다의 개성을 드러낼 수 있는 가장 큰 원인은 각 원소마다 전자 배치가 다르기 때문입니다. 다시 말해 모든 원자들의 원자가(原子價) 전자 수에 차이가 나타나므로 각각의 고유한 특성을 뽐낼 수 있게 된 것이죠. 사람에게도 각자가 가진 유전자에 따라 고유한 개성이 있는 것처럼 말입니다.

미라클 키워드

· 오비탈의 에너지 준위

① 수소 원자: $1s < 2s = 2p < 3s = 3p = 3d \cdots$

② 다전자 원자: $1s < 2s < 2p < 3s < 3p < 4s < 3d \cdots$

· 오비탈과 전자 배치 원리

① 쌓음 원리: 에너지 준위가 낮은 순으로 차례대로 채워진다.

② 파울리 배타 원리: 1개의 오비탈에는 스핀 방향이 서로 반대인 전자가 최대 2개까지 채워진다.

③ 훈트 규칙: 에너지 준위가 같은 오비탈에 전자가 채워질 때 홀전자가 가능한 한 많은 배치를 갖는다.

· 전자 껍질에 따른 오비탈의 종류와 수

전자 껍질	K	L		M		
주양자수(n)	1	2		3		
오비탈의 종류 (n개)	$1s$	$2s$	$2p$	$3s$	$3p$	$3d$
총 오비탈 수 (n^2)	1	4		9		
최대 수용 전자 수($2n^2$)	2	2	6	2	6	10

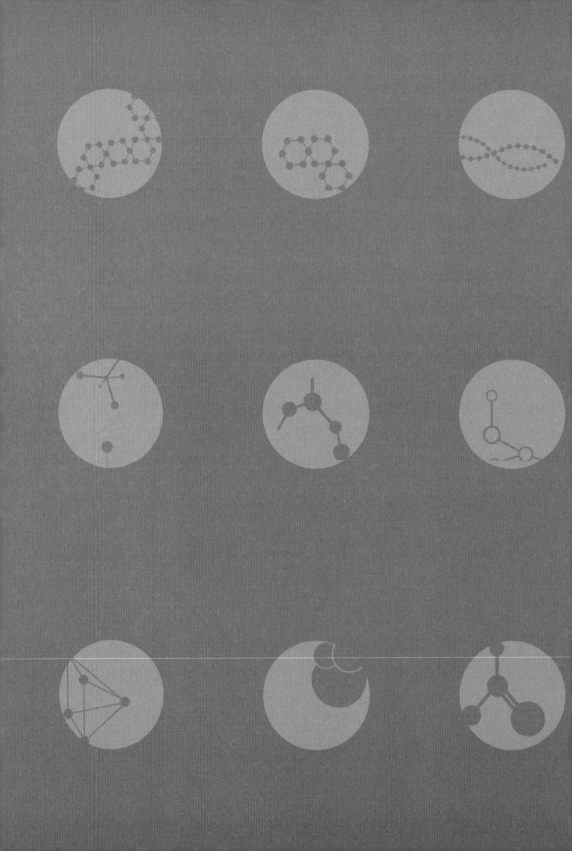

8

화학의 달력,
주기율표

멘델레예프, 주기율표를 만들다!

새해가 되면 사람들은 새로운 1년을 맞이하며 설레는 마음으로 달력을 넘겨봅니다. 새 달력을 받으면 우리는 중요한 날을 표시해두지요. 여행 일정이나 가족과 친구들의 생일, 새로운 계획을 적어두고, 공휴일은 몇 개인지 미리 세어보기도 합니다. "다음주 ○요일에는 ○○이와 약속이 있네." 이처럼 달력은 생활 속에서 사람들에게 일정을 미리 알려주고, 규칙적인 계획을 세울 수 있게 도와줍니다. 앞으로 일 년 동안 생활의 틀을 잡아주는 도구가 되어주는 것이죠.

달력에는 1월부터 12월까지, 28~31개의 날짜가 나열되어 있는데요. 그냥 쭉 적혀 있는 것이 아니라 월요일부터 일요일까지 정해진 '요일'에 자리를 잡고 한 달, 나아가 1년을 구성하고 있습니다. 화학에도 달력처럼 일정한 간격을 두고 반복되어 나타나는 '요일' 같은 규칙이 있는데요. 이번 시간에는 그 유명한 주기율표의 비밀을 파헤쳐봅시다.

1869년 러시아의 멘델레예프(Dmitri Ivanovich Mendeleev, 1834~1907)는 상트페테르부르크 대학에서 교수 생활을 하며 화학 교과서 『화학의 원리』를 집필합니다. 그는 교과서를 쓰는 동안 화학 원소들 간의 관계를 연구하고자 노력했는데요. 당시 알려져 있던 63개의 원소를 각각 한 장의 카드로 만들고, 원자가(原子價) 등 그 원자를 나타내는 정보를 함께 적어놓았죠. 그는 카드를 원소의 성질에 따라 나열해보는 등 자신의 연구에 활용했습니다. 그러던 어느 날, 낮잠을 자던 멘델레예프의 머리에 번뜩이는 아이디어가 떠올랐습니다. "원자량 순서대로 카드를 나열하면 논리적이지 않을까?" 원자량은 '원자의 부피'와 원자 속에 있는 '양성자', 그리고 '전자의 수'와 관계가 있었거든요. 멘델레예프는 원자량 순서대로 카드를 나열하면서 인상적인 사실을 발견하게 됩니다. 그는 원자를 원자량 순서대로 왼쪽 위에서부터 아래로 늘어놓다가 성질이 비슷한 원소가 있으면 옆줄에 오도록 배열했어요. 이때 원소들을 무리하게 꿰어 맞추지 않고, 유사한 성질을 나타내는 원소가 없을 때는 그 자리를 쿨 하게 빈칸으로 내버려두었습니다.

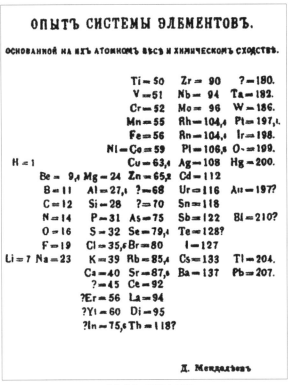

멘델레예프의 원소 나열

그는 가로줄에 8장씩 카드를 놓으며 표를 만들었는데요. 그러면서 깜짝 놀랄 만한 발견을 하게 됩니다. 바로 '같은 열(세로줄)에 있는 원소들의 성질이 비슷하다는 것!'이었죠. 멘델레예프는 아직 발견되지 않은 원소들도 빈칸으로 비워

두고 나머지 원소를 각각의 성질에 따라 표에 배열했습니다. 더욱 놀라운 사실은 멘델레예프가 이 표를 이용하여 빈자리에 들어갈 원소들의 원자량과 그들이 결합하게 될 화합물 등을 예측하기도 했다는 점이에요.

Reihen	Gruppe I. — R^2O	Gruppe II. — RO	Gruppe III. — R^2O^3	Gruppe IV. RH^4 RO^2	Gruppe V. RH^3 R^2O^5	Gruppe VI. RH^2 RO^3	Gruppe VII. RH R^2O^7	Gruppe VIII. — RO^4
1	H=1							
2	Li=7	Be=9,4	B=11	C=12	N=14	O=16	F=19	
3	Na=23	Mg=24	Al=27,3	Si=28	P=31	S=32	Cl=35,5	
4	K=39	Ca=40	—=44	Ti=48	V=51	Cr=52	Mn=55	Fe=56, Co=59, Ni=59, Cu=63.
5	(Cu=63)	Zn=65	—=68	—=72	As=75	Se=78	Br=80	
6	Rb=85	Sr=87	?Yt=88	Zr=90	Nb=94	Mo=96	—=100	Ru=104, Rh=104, Pd=106, Ag=108
7	(Ag=108)	Cd=112	In=113	Sn=118	Sb=122	Te=125	J=127	
8	Cs=133	Ba=137	?Di=138	?Ce=140	—	—	—	
9	(—)	—	—	—	—			
10	—	—	?Er=178	?La=180	Ta=182	W=184	—	Os=195, Ir=197, Pt=198, Au=199.
11	(Au=199)	Hg=200	Tl=204	Pb=207	Bi=208			
12				Th=231		U=240		— — —

멘델레예프의 주기율표

이 사실은 '주기율표'를 통해 원소의 성질을 예측하고 설명할 수 있음을 뜻합니다. 달력에 표시된 '입춘(立春)'이 되면 봄의 소식이 들려오고, '처서(處暑)'가 되면 더위가 멈추고 쌀쌀해지기 시작하는 것처럼 주기율표 속 원소의 위치는 그 원소가 어떤 성질을 지니고 있는지 예측할 수 있게 해주지요. 또한 그러한 성질이 나타나는 이유까지 설명해준답니다.

멘델레예프는 물질의 성질이 주기성을 갖는다는 사실에 근거하여 물음표로 비워둔 미지의 원소를 예측하기도 했어요. 1875년에는 '갈륨(Ga)'이, 1885년에는 '저마늄(Ge)'이 멘델레예프의 예측대로 발견되었답니다. 주기율표의 우수성이 더욱 드러나게 된 사례이지요.

1890년대에는 '분광 분석'[25]이라는 새로운 방법에 의해 '네온(Ne)'과 '아르곤(Ar)' 등 처음 보는 원소가 잇달아 발견됐습니다. 그러면서 멘델레예프의 주기율표에도 새로운 열(족)이 추가되며 수정을 거듭했죠.

그의 주기율표는 대단한 발견이었지만 몇 가지 한계점을 안고 있었습니다. 먼저 원자를 원자량 순으로 배열함에 따라 몇몇 원소들의 성질이 주기성에서 벗어난다는 문제점이 드러났어요. 또, 빈칸으로 남아 있는 부분에 대한 해결책도 필요했지요. 즉, 원자량은 원소의 화학적 성질을 결정하는 적합한 기준이 아니었던 것입니다.

---

25) 분광기를 이용하여 물질의 성분과 그 성질을 알아내는 일. 원자 스펙트럼이 각 원소에 고유한 것임을 이용하여 여러 가지 물질의 스펙트럼을 검사하고, 그 속에 있는 원소의 정성(定性)·정량(定量)을 분석한다.

새로운 주기율표의 탄생

20세기에 들어서야 원소의 화학적인 성질을 만들어내는 원인은 '전자'에 있음이 밝혀졌어요. 멘델레예프의 시대에는 원자를 이루는 전자의 존재가 알려지지 않았으므로 그가 생각하던 각 원소의 성질은 '전자'에 의해 나타난다는 사실이 뒤늦게 밝혀진 셈이죠. 이에 결정적 역할을 한 과학자가 바로 영국의 '모즐리(Moseley, H. G. J. 1887~1915)'입니다. 그는 'X선 연구'를 통해 원소들의 원자핵이 가지는 '양전하를 결정하는 방법'을 알아냈고, 이를 토대로 원소들의 '원자번호'를 결정했어요. 원소들을 원자 번호 순으로 배열해 원소의 화학적 성질에 대한 주기성이 유지되면서 멘델레예프의 주기율표에서 드러난 단점도 보완하는 새로운 주기율표가 탄생한 순간이지요.

주기율표

주기 율표, 이토록 규칙적일 수가!

주기율표에서 세로줄은 '족'이라 하고, 가로줄은 '주기'라고 표현하는데요. 족은 1~18족까지, 주기는 1~7주기까지 구성되어 있습니다. 같은 족 원소인 경우 원자가(原子價) 전자 수가 같아 화학적 성질이 비슷하게 나타나고, 같은 주기의 원소인 경우 전자 껍질수가 같지요.

주기 \ 족	1	2	13	14	15	16	17	18
1	$_1$H (1+)							$_2$He (2+)
2	$_3$Li (3+)	$_4$Be (4+)	$_5$B (4+)	$_6$C (6+)	$_7$N (7+)	$_8$O (8+)	$_9$F (9+)	$_{10}$Ne (10+)
3	$_{11}$Na (11+)	$_{12}$Mg (12+)	$_{13}$Al (13+)	$_{14}$Si (14+)	$_{15}$P (15+)	$_{16}$S (16+)	$_{17}$Cl (17+)	$_{18}$Ar (18+)
원자가 전자 수	1	2	3	4	5	6	7	0

원자 번호 1~18번 원소의 전자 껍질에 따른 전자 배치

주기율표의 규칙성을 이용하면 각 원소가 가진 특성을 더 쉽게 이해할 수 있는데요. 그림과 같이 주기율표의 왼쪽으로 갈수록 원자가(原子價) 전자 수는 감소하고, 아래로 내려갈수록 전자 껍질 수는 증가합니다. 전자 수가 감소할수록 전자를 잃기 쉽고, 전자 껍질 수가 커질수록 원자 반지름도 커져 핵과 전자 사이의 인력이 작아지면서 전자를 잃기 쉬워지지요. 따라서 주기율표의 왼쪽

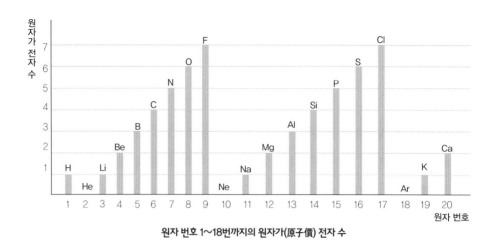

원자 번호 1~18번까지의 원자가(原子價) 전자 수

아래로 갈수록 전자를 잃고 양이온이 되기 쉬운 성질인 원소들의 금속성이 증가한다는 사실을 알 수 있습니다.

마찬가지로 18족인 비활성 기체를 제외하고, 주기율표의 오른쪽으로 갈수록 원자가(原子價) 전자 수는 많아지는 반면, 위로 올라갈수록 전자 껍질 수가 작아집니다. 같은 주기에서는 오른쪽으로 갈수록 마지막 전자 껍질의 부족한 원자가(原子價) 전자를 채우고자 하는 경향이 강해지게 되고, 같은 족에서는 위로 올라갈수록 전자 껍질 수가 작아져 핵과 전자 사이의 인력이 커지므로 전자를 얻고자 하는 경향이 크게 나타나지요. 따라서 주기율표의 오른쪽 위로 갈수록(18족 비활성 기체 제외) 전자를 얻어 음이온이 되기 쉬운 성질인 원소들의 비금속성이 증가함을 알 수 있습니다.

한편 금속 원소는 상온에서 대부분 고체 상태로 존재하며 전성과 연성, 열과 전기 전도성이 크게 나타나는 반면, 비금속 원소는 상온에서 대부분 기체나 고체로 존재하며 전성과 연성, 열과 전기 전도성은 나타내지 않는 경향성(傾向性)을 띱니다.

앞서 같은 족 원소는 화학적 성질이 비슷하다고 했는데요. 그럼 먼저 1족인

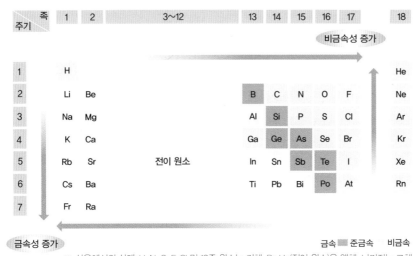

족 주기	1	2	3~12	13	14	15	16	17	18
1	H								He
2	Li	Be		B	C	N	O	F	Ne
3	Na	Mg		Al	Si	P	S	Cl	Ar
4	K	Ca	전이 원소	Ga	Ge	As	Se	Br	Kr
5	Rb	Sr		In	Sn	Sb	Te	I	Xe
6	Cs	Ba		Ti	Pb	Bi	Po	At	Rn
7	Fr	Ra							

비금속성 증가

금속성 증가

금속 ■ 준금속 비금속

※ 상온에서의 상태: H, N, O, F, Cl 및 18족 원소는 기체, Br, Hg(전이 원소)은 액체, 나머지는 고체

주기율표에서의 금속성과 비금속성

알칼리 금속의 성질을 살펴볼게요. 알칼리 금속은 무른 성질이 있어서 칼로 쉽게 잘립니다. 이때 공기 중에서 산소와 만나면 모두 산화되어 금속의 잘린 표면은 광택을 잃게 되죠. 즉 3가지 금속 모두 산소와 반응하여 '산화물(Li_2O, Na_2O, K_2O)'의 형태가 됩니다(눈으로 봤을 때 광택을 잃은 상태). 이때 흥미로운 사실이 있는데요. 엄마와 딸, 아버지와 아들이 함께 찍은 사진을 보면 눈매나 코, 얼굴형 등에서 가족의 티가 드러나듯 1족의 세 가지 원소에도 같은 식구의 모습이 나타난다는 점이에요. 즉, 이들은 금속 양이온(Li^+, Na^+, K^+) 2개와 산화 이온(O^{2-}) 1개로 똑같이 구성된 '산화물(Li_2O, Na_2O, K_2O)'의 화학식을 가지게 됩니다.

한편, 알칼리 금속은 물과 반응하면 공통적으로 '수소 기체'와 '수산화 이온(OH^-)'을 만들어냅니다. 따라서 수용액의 액성은 모두 염기성이 되어 페놀프탈레인 용액에 의해 공통적으로 '붉은 색'을 나타내게 되지요. 정리해보면, 같은 족 원소들의 경우 같은 식구임을 드러내는 공통적인 성질이 있다는 사실!

그러면서 가족끼리도 엄마는 엄마대로, 형은 형대로, 나는 나대로 저마다의 성격이 다르듯 화학 세계의 원소들 역시 가족 사이에서도 각 개체만의 개성이 드러납니다. 금속 표면이 산화되어 광택을 잃는 속도를 살펴보면 칼륨(K)이 가장 빠르고 나트륨(Na), 리튬(Li)의 순서로 반응이 나타나지요. 증류수와의 반응에서도 칼륨(K)은 반응 속도가 매우 빠르고 활발하게 진행되는데 반해 나머지는 차례로 느려지는 경향을 보이죠. 왜 이런 현상이 발생하는 걸까요?

1족 알칼리 금속의 전자 배치를 살펴보면 모두 1족이기에 원자가(原子價) 전자 수가 1개로서 화학적 성질이 동일한 '같은 족' 원소들, 즉 같은 식구라는 것을 알 수 있어요. 하지만 원자 번호가 커질수록 원자 반지름이 증가하므로 원자가(原子價) 전자를 잃기 쉬워 반응성이 그만큼 커지게 되지요. 따라서 리튬(Li)보다 나트륨(Na), 나트륨(Na)보다는 칼륨(K)의 반응성이 큰 것입니다. 또 '잘린 단면의 산화되는 정도'나 '물과의 반응'에 있어서도 칼륨(K)의 반응성이 가장 큰 것을 알 수 있습니다.

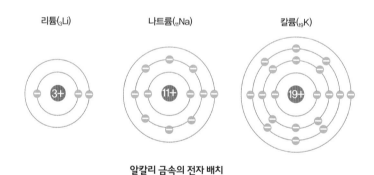

알칼리 금속의 전자 배치

같은 족 원소들이 비슷한 화학적 성질을 지니는 것은 1족에만 국한된 이야기가 아니에요. '17족에 해당하는 원소들(F(플루오린), Cl(염소), Br(브로민), I(아이오딘) 등)'은 '할로젠 원소'라고 하여 '원자가(原子價) 전자의 수가 모두 7개'로 같으며 상온에서 '2원자 분자(F_2, Cl_2, Br_2, I_2)'의 형태를 이룹니다. 이들 모두 알칼리 금속과 반응하여 '이온 결합 물질'을 만들고요.

주기율표의 가장 오른쪽에 위치한 '18족 원소(He(헬륨), Ne(네온), Ar(아르곤) 등)'들은 '비활성 기체'라 불리는데, 이름처럼 다른 원소와 반응하기 어려운 성질을 지녔으며, 1원자 분자[26]로서 존재합니다. 이는 모두 안정된 전자 배치를 이루기 때문에 나타나는 공통적인 성질이지요.

비활성 기체의 이러한 성질은 다양한 용도로 쓰입니다. 공기보다 가벼운 기체인 헬륨은 비행선이나 기구, 풍선을 띄우기 위한 연료, 또는 잠수용 산소통에 이용되지요. 체내에 들어가도 유해하지 않거든요.

후세의 사람들이 물질의 세계를 좀 더 쉽게 여행할 수 있도록 그 길을 닦아 준 멘델레예프! 그의 위대한 업적은 화학을 더욱 크게 성장시키는 밑거름이 되었습니다. 멘델레예프는 1906년 노벨 화학상 후보에 올랐으나 '플루오린의 연구와 분리 및 전기난로 제작'의 공을 세운 프랑스의 화학자 앙리 무아상(Henri Moissan, 1852~1907)에게 단 1표 차이로 패하게 됩니다. 그리고 안타깝게도 그 다음 해에 세상을 떠났지요. 그의 위대한 업적을 기려 1955년 캘리포니아 버클리 대학에 소속된 세 명의 화학자는 멘델레예프가 예측한 101번 원소를 발견한 후 '멘델레븀(Md)'이라고 명명하였습니다.

---

26) 비활성 기체인 헬륨(He), 네온(Ne), 아르곤(Ar) 등은 원자 상태로 안정하기 때문에 결합을 형성하지 않고 원자 1개로 존재하는데, 이를 1원자 분자, 또는 단원자 분자라고 한다.

그림은 주기율표의 일부를 나타낸 것이다.

주기＼족	1	2		15	16	17	18
1	A						
2					B		
3	C						D

원소 A~D에 대한 설명으로 옳은 것만을 〈보기〉에서 있는 대로 고른 것은?
(단, A~D는 임의의 원소 기호이다.)

〈보기〉
ㄱ. 원자가 전자 수는 C가 A보다 많다.
ㄴ. 원자가 전자가 느끼는 유효 핵전하는 D가 C보다 크다.
ㄷ. B는 옥텟 규칙[27]을 만족하는 안정한 이온이 될 때 B^{2-}가 된다.

① ㄱ　　② ㄷ　　③ ㄱ, ㄴ　　④ ㄴ, ㄷ　　⑤ ㄱ, ㄴ, ㄷ

정답: ④

원소 A~D는 무엇일까요? 맞습니다. A는 수소(H), B는 산소(O), C는 나트륨 (Na), D는 염소(Cl)입니다. 따라서 원자가 전자 수는 A와 C 모두 1개로 같지만, A는 1주기, C는 3주기에 해당하므로 C의 전자 껍질 수가 A보다 많은 셈이죠.

왜 그럴까?

A~D가 어떤 원소인지 어떻게 알았을까요? 족과 주기가 제시되어 있으므로 주기율표에 대입해 보면 쉽게 알 수 있겠죠!

---

27) 원자들이 전자를 잃거나 얻어서 비활성 기체와 같이 가장 바깥 전자 껍질에 전자 8개(단, He은 2개)를 채워 안정해 지려는 경향.

다음으로 원자가(原子價) 전자가 느끼는 유효 핵전하를 비교해볼게요. 다(多) 전자 원자의 경우 다른 전자들이 원자핵의 (+)전하를 가림으로써 전자가 실제 느끼는 핵전하의 크기가 감소하는 '가려막기 효과'가 나타납니다. 따라서 어떤 전자 껍질에 채워진 전자가 실제로 느끼는 핵전하는 감소하게 되고 이를 '유효 핵전하'라고 표현하죠. C와 D의 경우 전자 껍질 수는 3개로 서로 같지만 C의 원자 번호가 D보다 작아 핵전하량도 작으므로 유효 핵전하는 D가 C보다 큽니다.

마지막으로 B의 경우 원자 번호 8번에 해당합니다. 전자 수도 8개가 되어 K 전자 껍질에 2개, L 전자 껍질에 6개가 배치되므로 안정한 이온이 될 때 전자 2개를 얻어야 하지요. 따라서 B^{2-}가 맞습니다.

왜 그럴까?

옥텟 규칙에 따라 안정한 이온이 되려면 원자의 마지막 전자 껍질이 완전히 채워지거나 전자 8개를 가져야 한다고 했지요?

원자 반지름은 어떻게 구할까?

화학의 달력 주기율표를 통해 각 원소가 가진 규칙성을 관찰할 수 있었습니다. 그렇다면 이제 그 규칙성이 어떻게 반복적으로 나타나는지 몇 가지 사례를 통해 알아볼게요. 현대적 원자 모형에 따르면 원자핵을 둘러싼 전자구름이 널리 퍼져 있기 때문에 원자의 크기를 명확하게 정의할 수 없습니다. 하지만 전자를 발견할 확률이 90%인 지점까지의 거리를 원자 반지름으로 정의할 수 있어요.

금속 원소의 경우에는 금속 결정에서 인접한 원자의 원자핵 사이 거리에 대한 절반으로, 비금속 원소의 경우 같은 종류의 두 원자가 결합한 2원자 분자에서 분자의 원자핵 사이 거리에 대한 절반으로 원자 반지름을 정의할 수 있지요.

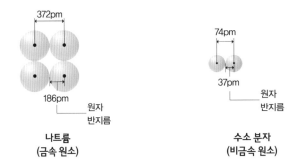

이때 원자의 반지름을 결정짓는 몇 가지 요인이 있습니다. 먼저 전자 껍질 수인데요. 전자 껍질 수가 많아질수록 원자 반지름은 커집니다. 유효 핵전하도 영향을 주는데요. 전자 껍질 수가 동일한 같은 주기의 원소들이라면 유효 핵전하가 크면 클수록 전자와의 인력도 크게 작용하여 원자 반지름이 작아집니다. 전자 사이의 반발력도 영향을 미쳐요. 전자 껍질 수가 같고 핵 전하량이 같은 상

황일 때, 만약 전자 수가 많아졌다면 그들 사이의 반발력이 커져 반지름은 증가하게 되죠.

같은 족 원자를 가지고 예를 들어볼게요. 원자 번호가 커질수록 전자 껍질 수가 증가하죠? 이 경우 원자핵과 원자가(原子價) 전자 사이의 거리가 멀어지므로 원자 번호가 커질수록 원자 반지름은 증가합니다.

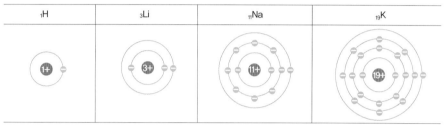

같은 족에서의 원자 반지름

한편, 같은 주기인 경우 원자 번호가 커질수록 전자 껍질 수는 같지만 양성자 수가 증가하여 유효 핵전하가 커지는 것이 보이죠? 따라서 이때에는 유효 핵전하의 증가에 따라 원자핵과 원자가(原子價) 전자 사이의 인력이 커지므로 원자 반지름은 감소합니다.

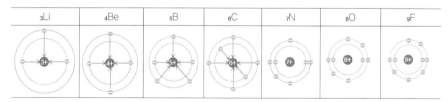

같은 주기에서의 원자 반지름

이온이 될 때에는 반지름이 어떻게 변할까요? 먼저 양이온이 되면 가장 바깥 전자 껍질의 전자를 잃게 되므로 전자 껍질 수가 감소하여 반지름이 줄어들겠죠? 즉, 이온 반지름이 원자 반지름보다 작아지는 것이죠. 음이온이 되면 전자를 얻게 됩니다. 이 경우엔 전자 껍질 수와 핵전하는 같지만 가장 바깥 껍질의 전자가 많아지므로 전자 사이의 반발력이 증가합니다. 따라서 이온 반지름이 원자 반지름보다 커지게 되죠.

양이온	음이온
원자 반지름 〉 이온 반지름	원자 반지름 〈 이온 반지름
Na Na^+ Na 〉 Na^+	Cl Cl^- Cl 〉 Cl^-

양이온과 음이온의 원자 반지름, 이온 반지름 비교

정리해보면 금속 원소는 양이온이 되는 경향이 있으므로 원자 반지름이 이온 반지름보다 크고, 비금속 원소(18족 제외)는 음이온이 되는 경향이 있으므로 이온 반지름이 원자 반지름보다 크다는 것을 알 수 있습니다.

1족		2족		13족		16족		17족	
Li	Li^+	Be	Be^{2+}	B	B^{3+}	O	O^{2-}	F	F^-
134	90	90	59	82	41	73	126	71	119
Na	Na^+	Mg	Mg^{2+}	Al	Al^{3+}	S	S^{2-}	Cl	Cl^-
154	116	130	86	118	68	102	170	99	167

몇 가지 원소의 원자 반지름과 이온 반지름(단위: pm)

전자 수가 같은 이온들인 등(等)전자 이온의 경우에도 재미있는 경향성을 관찰할 수 있습니다. 이 경우 원자 번호가 커질수록 이온 반지름은 감소하는데요. 산화 이온($_8O^{2-}$), 플루오린화 이온($_9F^-$), 나트륨 이온($_{11}Na^+$), 마그네슘 이온($_{12}Mg^{2+}$)을 살펴보면 이 이온들은 모두 네온($_{10}Ne$)의 전자 배치를 이루고 있습니다. 즉, K 껍질에 전자 2개, L 껍질에 전자 8개로서 같은 수의 전자를 갖고 있지요. 이때 이들의 차이는 오로지 핵 전하량이에요. 원자 번호가 커질수록 유효 핵전하가 증가하므로 이온 반지름은 점점 감소하게 되죠. 따라서 이온 반지름의 크기는 $_8O^{2-} > _9F^- > _{11}Na^+ > _{12}Mg^{2+}$의 순서가 됩니다.

의 이온화 에너지

원소들의 또 다른 규칙성에는 어떤 것이 있을까요? 원자 내의 전자들은 핵에 의해 끌어당겨지고 있으므로 중성 원자에서 전자를 떼어내려면 외부에서 에너지를 가해주어야 합니다. 이때 기체 상태의 중성 원자로부터 전자 1개를 떼어내 기체 상태의 양이온으로 만드는 데 필요한 에너지를 '이온화 에너지 (Ionization Energy)'라고 해요. 즉, 이온화 에너지가 작으면 작을수록 전자를 떼어내기 쉬우므로 양이온이 되기 쉽다는 거죠.

$$M(g) + E \rightarrow M^+(g) + e^- \ (E : \text{이온화 에너지})$$

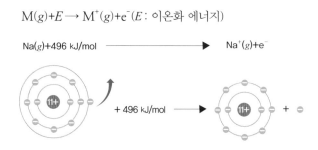

나트륨(Na)의 이온화 반응

그렇다면 주기율표에서 이온화 에너지의 주기성은 어떻게 나타날까요? 먼저 같은 족의 경우에는 원자 번호가 증가할수록 전자 껍질 수가 커지므로 원자핵과 전자 사이의 인력이 감소하여 전자를 떼어내기 쉬워집니다. 즉 이온화 에너지가 감소한다고 볼 수 있죠. 또, 같은 주기의 경우 원자 번호가 증가할수록 유효 핵전하가 커지므로 원자핵과 전자 사이의 인력이 증가하여 전자를 떼어내기 어려워 이온화 에너지는 증가하게 됩니다.

전자 껍질 수와 이온화 에너지(같은 족)

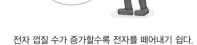

전자 껍질 수가 증가할수록 전자를 떼어내기 쉽다.

핵의 전하와 이온화 에너지(같은 주기)

나 원자력

핵의 전하가 클수록 전자를 떼어내기 힘들다

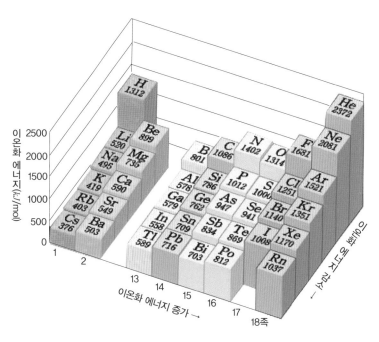

주기율표에서의 이온화 에너지 경향성

이번에는 음이온이 될 때 나타나는 에너지의 크기를 살펴볼까요? 기체 상태의 중성 원자가 전자 1개를 얻어 기체 상태의 음이온이 될 때 방출하는 에너지를 '전자 친화도(Electron Affinity)'라고 합니다. 말 그대로 전자를 좋아하는 정도이지요. 전자 친화도가 크면 클수록 음이온이 될 때 중성 원자보다 안정성이 증가한다는 의미이므로 음이온이 되기 쉽다고 볼 수 있습니다.

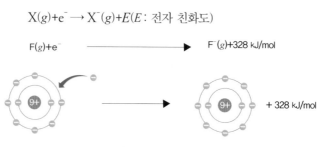

$$X(g)+e^- \longrightarrow X^-(g)+E(E : 전자\ 친화도)$$

플루오린(F)의 이온화 반응

이 경우에도 주기적 경향성이 나타나는데요. 같은 족에서는 원자 번호가 증가할수록 전자 껍질 수가 커지므로 원자핵과 전자 사이의 인력이 감소하여 전자 친화도는 작아집니다. 같은 주기에서는 원자 번호가 증가할수록 유효 핵전하가 커지고 원자 반지름이 작아지므로 원자핵과 전자 사이의 인력이 증가하여 전자 친화도가 커지지요(18족 제외).

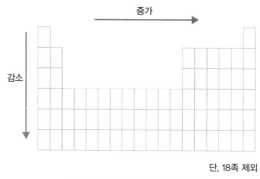

단, 18족 제외
주기율표에서의 전자 친화도 경향성

다음은 철수가 형성 평가에 답한 내용이다.

[가~다] 다음 4가지 원소에 대한 물음에 답하시오.

가. 원자 반지름이 가장 큰 원소를 쓰시오.　　　　(Na)

나. 안정한 이온의 반지름이 가장 작은 원소를 쓰시오　(Li)

다. 제 1 이온화 에너지가 가장 큰 원소를 쓰시오　　(N)

철수가 옳게 답한 문항만을 있는 대로 고른 것은?

① 가　　② 다　　③ 가, 나　　④ 나, 다　　⑤ 가, 나, 다

정답: ③

　철수가 답한 문항을 살펴봅시다. 먼저 원자 반지름을 결정짓는 요인은 전자 껍질 수입니다. 주어진 4가지 원소 중 리튬(Li), 질소(N), 산소(O)는 2주기 원소인 반면, 나트륨(Na)은 3주기 원소에 해당하므로 전자 껍질 수가 많은 나트륨(Na)의 원자 반지름이 가장 크다는 것을 알 수 있습니다.

　한편, 안정한 이온의 경우 리튬(Li)과 나트륨(Na)은 금속 원소이므로 각각 양이온인 리튬 이온(Li^+), 나트륨 이온(Na^+)이 되고, 질소(N), 산소(O)는 비금속 원소이므로 각각 음이온인 질화 이온(N^{3-}), 산화 이온(O^{2-})이 됩니다. 이때 Na^+, N^{3-}, O^{2-}는 모두 네온(Ne)의 전자 배치를 이루지만, 리튬 이온(Li^+)은 헬륨(He)의 전자 배치를 이루게 되므로 안정한 이온의 반지름은 리튬(Li)이 가장 작습니다.

제1 이온화 에너지가 가장 큰 원소는 무엇일까요? 이온화 에너지가 크면 클수록 전자를 떼어내기 어려우므로 같은 주기에서는 원자 번호가 커질수록, 같은 족에서는 전자 껍질 수가 작을수록 이온화 에너지가 증가하게 됩니다. 따라서 제1 이온화 에너지가 가장 큰 원소는 산소(O)입니다.

원자 반지름, 이온화 에너지, 전자 친화도 등 원소의 성질은 화학 반응이나 생명 현상에서 다양한 화합물을 구성할 수 있게 해주는 매우 중요한 요소입니다. 이처럼 원소들마다 고유한 개성이 있기에 세상 만물이 다양한 모습으로 존재할 수 있답니다.

미라클 키워드

· 주기율표

① 멘델레예프: 63종의 원소들을 원자량 순으로 배열하여 일정한 간격을 주기로 성질이 비슷한 원소가

　나타나는 것을 발견하고 최초의 주기율표를 작성

② 모즐리: 원소들을 원자번호 순으로 배열하여 현대 주기율표의 틀을 마련

· 현대의 주기율표

① 족: 주기율표의 세로줄로 1~18족으로 구성 ⟹ 같은 족 원소들은 원자가(原子價) 전자 수가 같아

　화학적 성질이 비슷함

② 주기: 주기율표의 가로줄로 1~7주기로 구성 ⟹ 같은 주기 원소들은 전자 껍질수가 같음

· 원소의 주기적 성질

① 원자 반지름: 전자 껍질 수, 유효 핵전하, 전자 사이의 반발력에 의해 크기 결정

　⟹ 원자 반지름 〉이온 반지름(금속 원소, 양이온) / 원자 반지름 〈 이온 반지름(비금속 원소, 음이온)

② 이온화 에너지: 기체 상태의 중성 원자로부터 전자 1개를 떼어내어 기체 상태의 양이온으로 만드는 데

　필요한 에너지 ⟹ 이온화 에너지가 클수록 양이온이 되기 쉬움

③ 전자 친화도: 기체 상태의 중성 원자가 전자 1개를 얻어 기체 상태의 음이온이 될 때 방출하는 에너지

　⟹ 전자 친화도가 클수록 음이온이 되기 쉬움

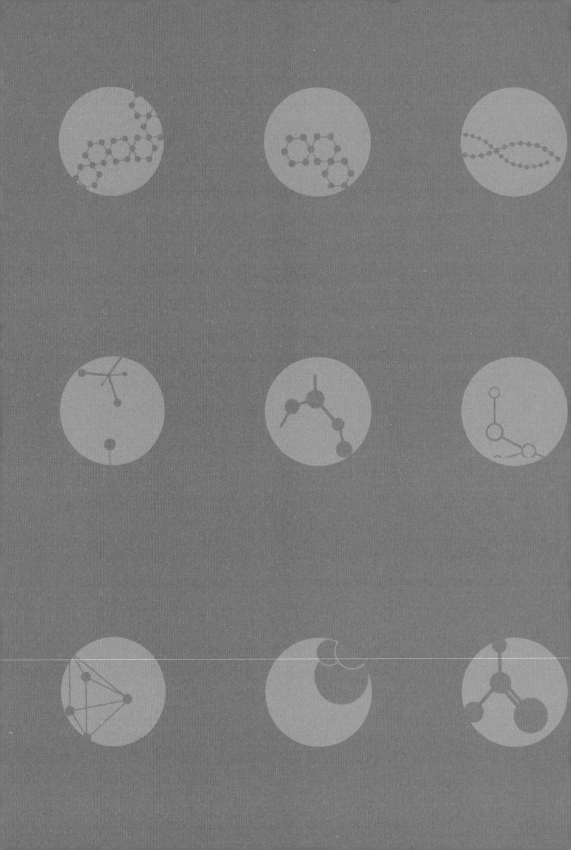

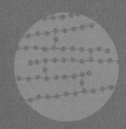

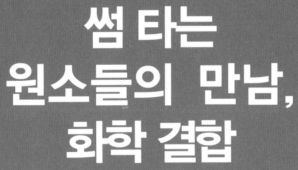

9

썸 타는
원소들의 만남,
화학 결합

안정한 상태, 옥텟 규칙

청소년기에는 부모님의 그늘에서 벗어나 혼자만의 시간을 갖고 싶고, 이성 친구에게 관심이 생기면서 자꾸만 멋도 부리고 싶어집니다. 찬란한 청소년기를 지나 대학을 졸업한 후 결혼 적령기에 들어서면 이성 교제를 시작으로 결혼이라는 커다란 관문을 맞이하게 되죠. 이렇게 남녀가 만나 한 쌍의 부부로 발전하기까지의 과정이 화학의 세계에도 존재합니다. 각양각색의 개성을 가진 남녀가 만나 새로운 인연으로 탄생하는 것은 화학에서 마치 새로운 화합물이 생성되는 것과 비슷하지요. 화학의 세계에서 다루는 인연의 만남! 화학 결합이 어떻게 이루어지는지 살펴봅시다.

주기율표에 등장하는 원소들은 크게 금속 원소와 비금속 원소로 나눌 수 있습니다. 그들은 다양한 방식으로 결합하면서 세상에 많은 물질들을 내놓아요. 여기서 재미있는 것은 주기율표의 맨 왼쪽에 위치한 비활성 기체, 18족 원소입니다. 이들은 자연 상태에서 누군가와 결합하지 않고, 하나의 원자 상태로 존재하고 있어요. 바로 여기에 화학 결합의 원리가 숨어 있답니다. 18족 원소의 경우 가장 바깥 전자 껍질에 전자가 모두 채워져 안정한 전자 배치를 이루고 있기 때문에 다른 원자와 반응하여 전자를 잃거나 얻으려 하지 않습니다. 화학적으로 안정한 상태라고 표현할 수 있지요.

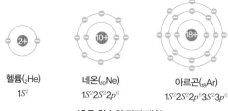

헬륨($_2$He)
$1S^2$

네온($_{10}$Ne)
$1S^2 2S^2 2p^6$

아르곤($_{18}$Ar)
$1S^2 2S^2 2p^6 3S^2 3p^6$

18족 원소의 전자 배치

그런데 18족을 제외한 다른 원소들은 원자가(原子價) 전자가 안정한 상태로 채워져 있지 않습니다. 그렇기 때문에 전자를 잃거나 얻어서 비활성 기체와 같이 가장 바깥 전자 껍질에 전자 8개(헬륨(He)은 2개)를 채워 안정해지려는 경향을 띠게 되죠. 이러한 현상을 '옥텟 규칙'이라고 하는데요(여기서 '옥텟'의 옥타(octa)는 8이라는 의미입니다). 즉, 원자들은 화학 결합을 통해 옥텟 규칙을 만족시키는 안정한 전자 배치를 하려는 현상을 보입니다.

나는 잃고, 너는 얻는 이온 결합

그렇다면 지금부터 주기율표 속 원소들의 줄 듯 말 듯 썸 타는 만남, 화학 결합에 대해 알아보도록 하겠습니다. 먼저 금속 원소는 대부분 원자가(原子價) 전자가 1~2개이다 보니 전자를 내놓으면서 안정한 전자 배치를 꿈꾸게 됩니다. 반면 비금속 원소인 16~17족 원소의 경우 원자가(原子價) 전자가 6~7개로서 안정한 전자 배치를 하기에는 전자가 부족한 상태이므로 누군가에게 전자를 얻고자 하는 경향이 큽니다. 바로 이때! 금속 원소와 비금속 원소가 함께 있다면 어떤 현상이 일어날까요? 금속 원소는 전자를 잃으면서 양이온이 되고, 비금속 원소는 금속 원소가 내놓은 전자를 얻으면서 음이온이 됩니다. 그러면서 "우리 결혼했어요! 우리 결합했다고요!" 외치며 세상에 대고 결혼 발표를 하는 것이죠. 이처럼 금속 양이온과 비금속 음이온 사이의 정전기적 인력에 의한 결합을 '이온 결합'이라고 합니다.

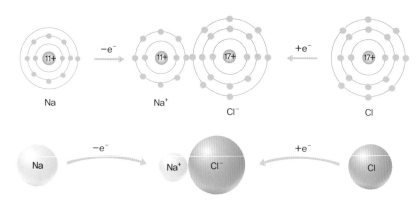

염화 나트륨(NaCl)의 이온 결합

이온 결합 물질의 화학식은 이들을 이루는 양이온과 음이온의 개수를 가장 간단한 정수비로 표현하면 되는데요. 염화 나트륨($NaCl$)의 경우 나트륨 이온(Na^+)과 염화 이온(Cl^-)이 각각 +1과 −1의 전하를 띠므로 1:1로 결합하게 되어 염화 나트륨($NaCl$)이 됩니다.

황산 알루미늄($Al_2(SO_4)_3$)은 어떨까요? 알루미늄 이온(Al^{3+})과 황산 이온(SO_4^{2-})이 결합하는데, 이때 알루미늄 이온은 +3가이고, 황산 이온은 −2가에 해당하므로 이들이 결합하여 전기적으로 중성이 되려면 (+3)은 2개, (-2)는 3개가 있어야 합니다. 따라서 황산 알루미늄의 화학식은 $Al_2(SO_4)_3$가 되죠. 이처럼 이온 결합 물질의 화학식은 각 전하의 합이 0이 되어 전기적으로 중성이 되도록 만들어주면 됩니다.

$$mA^{n+} + nB^{m-} \rightarrow A_mB_n$$

화학식	화합물의 이름	화학식	화합물의 이름
$NaCl$	염화 나트륨	NaF	플루오린화 나트륨
$MgCl_2$	염화 마그네슘	KI	아이오딘화 칼륨
Na_2CO_3	탄산 나트륨	$AgNO_3$	질산 은
$CaCO_3$	탄산 칼슘	CaO	산화 칼슘
$MgSO_4$	황산 마그네슘	K_2O	산화 칼륨
$CuSO_4$	황산 구리(II)	$Mg(OH)_2$	수산화 마그네슘
$Al_2(SO_4)_3$	황산 알루미늄	$BaSO_4$	황산 바륨

몇 가지 이온 결합 물질의 화학식과 그 이름

이온 결합 물질은 단지 1쌍의 양이온과 음이온이 결합된 구조가 아니에요. 많은 양이온과 음이온들이 결합을 형성하여 3차원적으로 서로를 둘러싸며 규칙적으로 배열된 구조를 가지죠. 우리가 이온 결합 물질을 '분자'라고 부를 수 없는 이유가 여기 있습니다.

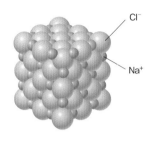
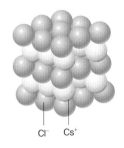

염화 나트륨(NaCl)의 구조   염화 세슘(CsCl)의 구조

또한 이온 결합 물질은 녹는점과 끓는점이 비교적 높아 상온에서 고체 상태로 존재합니다. 이것은 (+)전하와 (-)전하를 띠는 입자 사이의 정전기적 인력이 비교적 크기 때문인데요. 고체 상태에서는 이온들이 강하게 결합하고 있어 자유롭게 이동할 수 없으므로 전기 전도성이 없습니다. 반면, 액체나 수용액 상태에서는 이온들이 자유롭게 움직일 수 있으므로 전기 전도성이 나타나지요.

한편, 이온 결합 물질은 외부에서 힘을 가했을 때 결정이 부스러지는데요. 그 이유는 외부에서 힘을 가하면 이온층이 밀리면서 같은 전하를 띤 이온들이 만나게 되어 반발력이 작용하기 때문입니다. 부엌에서 굵은 소금(염화 나트륨, NaCl)을 가는 소금으로 빻아 사용하는 것도 같은 원리예요.

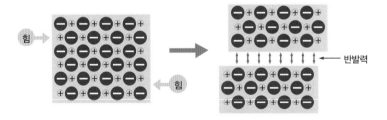

이온 결정의 외력에 의한 부스러짐

또, 대부분의 이온 결합 물질은 극성 용매인 물에 잘 녹는데요. 물과 만났을 때 양이온과 음이온이 물 분자에 둘러싸인 수화된 상태로 존재하기 때문이랍니다.

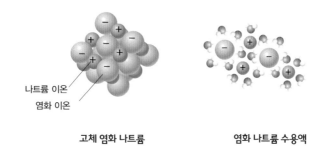

나트륨 이온
염화 이온

고체 염화 나트륨 **염화 나트륨 수용액**

원소끼리의 사랑, 공유 결합

"그런데 선생님. 세상에 존재하는 모든 화합물은 이온 결합의 형태로만 존재하나요?" 아니요. 주기율표 속 금속 원소와 비금속 원소의 '이온 결합' 외에 다른 형태의 만남도 있답니다. 비금속 원소 없이 금속 원소만 존재할 경우, 또 금속 원소 없이 비금속 원소만 존재할 경우 각 원소들은 어떤 선택을 하게 될까요?

먼저 비금속 원소들의 경우 앞서 언급했듯이 원자가(原子價) 전자가 5~7개로서 부족한 상태입니다. 이때 주변에 금속 원소는 없고, 같은 비금속 원소만 존재한다면 이들이 할 수 있는 가장 현명한 선택은 '공유하기'입니다. 예를 들어 수소 분자(H_2)의 경우 각각의 수소 원자[28]는 전자가 1개로 K 껍질에 배치되어 있습니다. K 껍질은 전자가 최대 2개까지 들어감으로써 안정된 전자 배치를 이루기 때문에 두 수소 원자는 타협점을 찾게 되지요. "너 전자 1개 내놔, 나도 전자 1개 내놓을 테니. 우리 공유하자!" 이런 식으로 전자를 공유할 경우 각각의 수소 원자는 K 껍질에 전자를 2개씩 갖게 된 꼴이므로 서로 안정된 전자 배치를 이루게 됩니다.

수소 분자(H_2)의 공유 결합

---

28) 수소 원자는 원자가 전자가 1개이지만 금속 원소가 아닌 비금속 원소이다.

물 분자(H_2O)는 수소 원자 2개와 산소 원자 1개로 구성되어 있습니다. 수소 원자(H)는 K 껍질에 전자가 1개씩 부족한 상태고, 산소 원자(O)는 L 껍질에 전자 2개가 부족한 상태죠. 따라서 각각의 수소 원자가 산소 원자와 1쌍씩의 전자쌍을 공유함으로써 물 분자를 형성하게 됩니다.

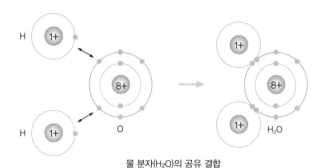

물 분자(H_2O)의 공유 결합

이처럼 비금속 원자들이 각각 전자를 내놓아 전자쌍을 만들고, 이 전자쌍을 공유하여 이루어지는 결합을 '공유 결합'이라고 합니다. 이때 비금속 원자들 사이의 공유 결합 상태를 보기 좋게 나타내기 위해 루이스 전자점식이라는 표현을 사용하는데요. 원자 사이의 결합을 나타내기 위해 원소 기호 주위에 원자가(原子價) 전자를 점으로 표시해서 나타낸 식이에요. 염소 분자(Cl_2)의 경우 염소 원자의 원자가(原子價) 전자가 7개이고 1개의 전자가 부족한 상태이므로 각각의 원자들은 전자를 1개씩 내놓아 공유하게 되는데요. 이때 공유 결합에 참여하여 두 원자가 공유하고 있는 전자쌍을 '공유 전자쌍'이라 하고, 공유 결합에 참여하지 않은 전자쌍을 '비공유 전자쌍'이라고 부릅니다.

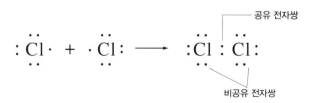

그런데 과학자들은 간단한 것을 좋아한다고 했죠? 바쁘다 보면 점을 그리기 귀찮을 때도 있잖아요. 따라서 공유 결합을 좀 더 편리하게 나타내기 위해 비공유 전자쌍을 생략하고 공유 전자쌍을 결합선으로 나타내기도 합니다. 이렇게 나타낸 식을 구조식이라고 해요.

$$H\cdot \; + \; \cdot\ddot{O}\!: \; + \; \cdot H \; \longrightarrow \; H\!:\!\ddot{O}\!: \qquad\qquad H-O \;\text{(구조식)}$$
$$\qquad\qquad\qquad\qquad\qquad\qquad\quad H \qquad\qquad\qquad\quad |$$
$$\qquad\qquad\qquad\qquad\qquad\qquad\qquad\qquad\qquad\qquad\qquad H$$

다음은 몇 가지 분자의 공유 결합을 이루는 루이스 전자점식과 구조식입니다. 표와 같이 두 원자 사이에 1개의 전자쌍을 공유하면 단일 결합, 2개의 전자쌍을 공유하면 2중 결합, 3개의 전자쌍을 공유하면 3중 결합이라고 부릅니다.

분자	공유 결합의 형성(루이스 전자점식)	구조식
수소(H_2)	$H\cdot + \cdot H \longrightarrow H\!:\!H$ 홀전자 / 단일 결합(공유 전자쌍 1개)	H-H
산소(O_2)	$\ddot{O}\cdot + \cdot\ddot{O}\!: \longrightarrow \!:\!\ddot{O}\!::\!\ddot{O}\!:$ — 비공유 전자쌍 2중 결합(공유 전자쌍 2개)	O=O
질소(N_2)	$\!:\!\dot{N}\cdot + \cdot\dot{N}\!: \longrightarrow \!:\!N\!:::\!N\!:$ 3중 결합(공유 전자쌍 3개)	N≡N
염소(Cl_2)	$\!:\!\ddot{Cl}\cdot + \cdot\ddot{Cl}\!: \longrightarrow \!:\!\ddot{Cl}\!:\!\ddot{Cl}\!:$ 단일 결합(공유 전자쌍 1개)	Cl-Cl

몇 가지 분자의 루이스 전자점식과 구조식

지금까지 다룬 공유 결합 물질의 특성에는 어떤 것들이 있을까요? 대부분의 공유 결합 물질은 녹는점과 끓는점이 비교적 낮아 상온에서 액체나 기체 상태로 존재합니다. 또 전하를 운반시킬 수 있는 이온이나 자유 전자가 존재하지 않기 때문에 고체나 액체 상태에서 대부분 전기 전도성을 갖지 않아요.

자유 전자가 맺어준 금속 결합

지금까지 금속 원소와 비금속 원소의 만남인 '이온 결합'과 비금속 원소 끼리의 만남인 '공유 결합'을 배웠는데요. 마지막으로 금속 원소가 갖는 결합의 형태가 무엇인지 살펴보겠습니다. 먼저 금속 원소는 대부분 원자가(原子價) 전자가 1~2개입니다. 이들이 안정한 전자 배치를 하려면 이 전자들을 모두 잃은 상태가 되어야 하죠. 그런데 주변에 비금속 원소가 없으면 누군가와 결합할 수도 없기 때문에 금속 원소들은 다른 타협점을 찾게 됩니다. 즉, 자신의 원자가(原子價) 전자를 모두 내놓으며 금속 양이온의 형태가 되는 것이죠. 이때 금속 원소들이 내놓은 전자들은 마치 바다 속 물고기처럼 금속 양이온 사이를 자유롭게 움직이

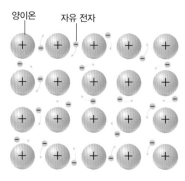

양이온   자유 전자

금속 결합 모형-금속 양이온과 자유 전자

며, (+)전하와 (-)전하를 띤 입자 사이의 정전기적 인력에 의해 결합의 형태를 유지할 수 있답니다. 이렇게 금속 원자에서 떨어져 나간 전자를 '자유 전자'라고 하는데요. 자유 전자가 금속 결정에서 특정한 원자에 속해 있지 않고 금속 양이온 사이를 자유롭게 이동하며 이들을 강하게 결합시키는 것이죠.

그렇다면 금속 결합 물질에는 어떤 특성이 있을까요? 이들의 특성 대부분은 금속 양이온 사이를 자유롭게 움직이는 자유 전자에 의해 나타나는데요. 금속 결합 물질은 열 전도성과 전기 전도성이 큽니다. 가열된 부분의 금속 양이온과 자유 전자의 열운동이 활발해지면 그렇지 않은 금속 양이온과 자유 전자가 충돌하면서 열에너지를 전달하게 되지요.

이렇게 반복적인 충돌에 의해 열에너지가 전달되어 열 전도성이 크게 나타나는 것이죠. 깜빡하고 뜨거운 국물에 숟가락을 넣어놨다가 조금 후에 집었을 때 "앗 뜨거워!"하고 놀라게 되는 것도 같은 원리에 해당합니다.

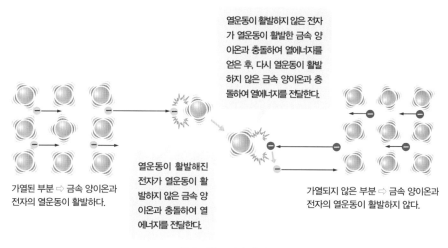

열운동이 활발하지 않은 전자가 열운동이 활발한 금속 양이온과 충돌하여 열에너지를 얻은 후, 다시 열운동이 활발하지 않은 금속 양이온과 충돌하여 열에너지를 전달한다.

가열된 부분 ⇨ 금속 양이온과 전자의 열운동이 활발하다.

열운동이 활발해진 전자가 열운동이 활발하지 않은 금속 양이온과 충돌하여 열에너지를 전달한다.

가열되지 않은 부분 ⇨ 금속 양이온과 전자의 열운동이 활발하지 않다.

금속 결합 물질의 열 전도성

금속에 전류를 흘려주면 금속 양이온은 고정된 상태에서 자유 전자가 (+)극 쪽으로 흐르면서 전기가 통하는데요. 구리 도선과 알루미늄 송전선이 주로 쓰이는 이유가 바로 금속의 자유 전자에 의한 전기 전도성 때문입니다.

구리 도선과 알루미늄 송전선

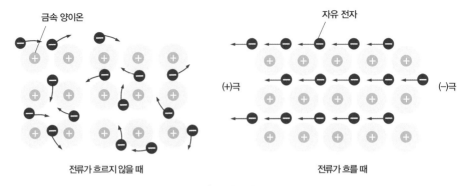

금속 결합 물질의 열 전도성

여러분, 금가루나 알루미늄 포일을 본 적 있죠? 금속 결합 물질에 외부의 힘을 가하면 결합의 형태가 변형되지만 자유 전자가 다시 이동해 결합을 유지시켜주기 때문에 이온 결합 물질처럼 부스러지지 않고 넓게 펴거나(퍼짐성, 전성) 실처럼 뽑아(뽑힘성, 연성) 사용할 수 있답니다.

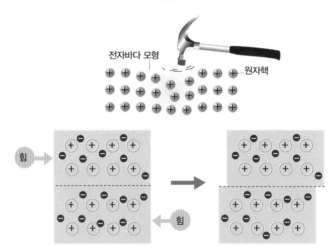

외력에 의한 금속 결합 물질의 변형

또한 대부분의 금속 결합 물질은 금속 양이온과 자유 전자 사이에 정전기적 인력이 강하게 작용하기 때문에 녹는점과 끓는점이 높고, 상온에서 고체 상태로 존재합니다. 대부분의 금속은 은백색 광택을 가지는데요. 이는 자유 전자가 금속 표면에서 빛을 반사하기 때문이죠.

자, 그럼 여기까지 배운 내용을 기억하며 문제를 풀어봅시다.

멋지게 풀어요! [대수능 모의평가]

그림은 물질 AB, C_2의 화학 결합을 모형으로 각각 나타낸 것이다.

이에 대한 설명으로 옳은 것만을 〈보기〉에서 있는 대로 고른 것은?
(단, A~C는 임의의 원소 기호이다.)

〈보기〉
ㄱ. AB는 액체 상태에서 전기 전도성이 있다.
ㄴ. 공유 전자쌍의 수는 B_2와 C_2가 같다.
ㄷ. A와 C의 안정한 화합물은 AC_2이다.

① ㄱ   ② ㄴ   ③ ㄱ, ㄴ   ④ ㄱ, ㄷ   ⑤ ㄴ, ㄷ

정답: ④

우선 AB 화합물의 경우 A는 +2가의 양이온이 된 상태에서, B는 −2가의 음이온이 된 상태에서 네온(Ne)의 전자 배치를 만족하므로 A는 원자 번호 12번의 마그네슘(Mg)이고, B는 원자 번호 8번인 산소(O)임을 알 수 있습니다. 이들은 금속 양이온과 비금속 음이온의 만남에 해당하는 이온 결합 물질인 것이죠. 따라서 AB는 액체 상태나 수용액 상태에서 전하를 띤 이온들이 자유롭게 움직일 수 있으므로 전기 전도성을 가집니다. 한편 C_2의 경우 공유 전자쌍 1개를 가지며 네온(Ne)의 전자 배치를 이루므로 C는 플루오린(F), 즉 C_2 는 플루오린 분자(F_2)임을 알 수 있습니다. 이때 공유 결합에 참여하는 전자쌍은 1개로 나머지 각 원자가 가진 전자 6개는 각각 3쌍의 비공유 전자쌍을 가지게 되죠. 즉, 공유 전자쌍의 수는 1개, 비공유 전자쌍 수는 총 6개가 됩니다.

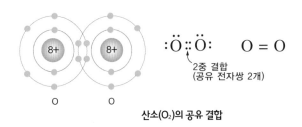

한편 B_2는 산소 분자(O_2)가 될 텐데요. 이 경우 다음과 같이 공유 전자쌍 2개, 각 산소 원자에 비공유 전자쌍 2개씩, 총 4개를 가지게 되므로 B_2와 C_2의 공유 전자쌍 수는 서로 다르다는 것을 알 수 있습니다.

산소(O_2)의 공유 결합

A와 C의 만남은 무엇에 해당할까요? A(Mg)는 금속 원소이고 C(F)는 비금속 원소에 해당하므로 이들의 만남은 이온 결합으로 이루어져야 합니다. 따라서 A는 전자 2개를 잃은 양이온 상태인 A^{2+}(Mg^{2+})로, C는 전자 1개를 얻은 음이온 상태인 C^-(F)로 결합함으로써 안정한 화합물 AC_2가 되는 것입니다.

이번 강에서는 주기율표에 살고 있는 서로 다른 개성을 가진 원소들이 어떻게 썸을 타는지, 어떤 방식으로 가장 현명한 만남을 이루는지에 대해 살펴보았습니다. 전혀 다른 성격을 가진 사람과 사람이 만나 인연이 되는 일에는 서로의 배려와 현명함이 필요합니다. 주기율표에 펼쳐진 원소들의 세계에서도 마찬가지입니다. 주고받거나, 서로 공유하는 등 현명한 선택을 했기에 다양한 물질을 만들어낼 수 있는 것이죠!

미라클 키워드

· 옥텟 규칙

① 비활성 기체의 전자 배치: 가장 바깥 전자 껍질에 전자가 모두 채워져 안정한 전자 배치를 이룸

② 옥텟 규칙: 원자들이 전자를 잃거나 얻어서 비활성 기체와 같이 가장 바깥 전자 껍질에 전자 8개

(단, He은 2개)를 채워 안정해지려는 경향

· 이온 결합

① 금속 원소의 양이온과 비금속 원소의 음이온 사이의 정전기적 인력에 의한 결합

· 공유 결합

① 비금속 원소의 원자들이 각각 전자를 내놓아 전자쌍을 만들고 이 전자쌍을 공유하여 이루어지는 결합

② 공유 전자쌍과 비공유 전자쌍

· 금속 결합

① 금속 양이온과 자유 전자 사이의 정전기적 인력에 의한 결합

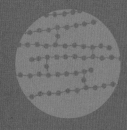

10

분자 속
원자들의 밀당

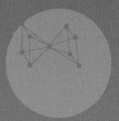

분자 구조는 어떻게 생겼을까?

어린 시절을 떠올려보세요. 형형색색의 블록을 이용해 성을 쌓기도 하고, 로봇이나 인형을 만들어 가지고 놀았던 재미났던 시간을요. 상상의 나래를 마음껏 펼치며 자신만의 세계를 만들었던 그 시절이 그립습니다. 그런데 여러분만의 성을 쌓을 때 블록을 아무렇게나 막 꽂았었나요? 아니죠. 블록 아래쪽에 나 있는 홈에 위쪽의 튀어나온 부분을 알맞게 끼워서 나름대로 심혈을 기울여 성을 만들었을 겁니다.

블록을 이용해 다양한 구조물을 만드는 것처럼 분자를 이루는 원자들의 세계에서도 그들이 어떻게 결합하느냐에 따라, 또 결합에 참여하는 원자가 몇 개나에 따라 다양한 화합물이 만들어집니다. 이번 시간에는 분자의 구조는 어떻게 결정되는지, 각 구조에 따라 그 성질은 어떻게 나타나는지 살펴보도록 해요.

분자의 구조는 분자를 이루는 원자의 종류와 수에 따라 달라집니다. 3개의 원자가 결합한 분자를 통해 간단한 구조를 알아볼게요. 먼저 중심 원자의 원자핵과 중심 원자와 결합한 두 원자의 핵 사이의 거리를 '결합 길이'라고 해요. 중심 원자와 다른 두 원자가 이루는 각은 '결합각'이라고 합니다.

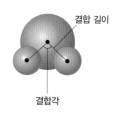

결합각과 결합 길이

이처럼 분자의 구조는 저마다 가지는 원소의 종류와 수에 따라 달라지고, 결합 길이와 결합각 또한 그때그때 바뀌게 되는데요. 이때 같은 개수의 원자를 가진 분자라 할지라도 그 구조는 분자가 가진 전자쌍의 종류와 수로 인해 천차만별이랍니다.

물(H₂O) 분자와 이산화 탄소(CO₂) 분자의 경우 모두 원자 3개로 이루어진 3원자 분자임에도 불구하고 물은 굽은형, 이산화 탄소는 직선형의 구조를 가져요. 즉, 분자의 구조를 결정짓는 가장 큰 요인은 중심 원자가 갖고 있는 전자쌍이라는 거죠. 왜냐하면 중심 원자를 둘러싸고 있는 전자쌍들은 모두 (-)전하를 띠고 있기에 정전기적 반발력이 생겨 가능한 한 멀리 떨어지려고 하거든요. 그러다 보니 중심 원자에 몇 개의 전자쌍이 놓이느냐에 따라, 또 가지고 있는 전자쌍이 공유 전자쌍인지 비공유 전자쌍인지에 따라 분자의 모양이 결정됩니다.

그렇다면 비슷한 크기의 풍선을 이용해 중심 원자가 가진 공유 전자쌍의 수에 따라 분자의 구조가 어떻게 배치되는지 살펴볼까요? 먼저 풍선 2개를 이용해봅시다. 전자쌍 사이의 반발을 최소화하려면 각각의 풍선을 서로 반대편에 놓아야겠죠? 따라서 전자쌍은 직선 모양으로 배열됩니다. 풍선이 3개라면 어떨까요? 그렇죠! 삼각형의 각 꼭지점 방향으로 풍선을 놓으면 되겠죠. 즉, 전자쌍은 평면 삼각형 모양으로 배열됩니다. 이번에는 4개의 풍선을 사용해보죠. "풍선을 정사면체의 꼭지점 방향으로 놓으면 돼요!" 맞습니다. 이때 서로 가장 멀리 떨어진 구조가 되므로 전자쌍은 결합각 109.5°를 이루는 모양의 배열을 이루게 됩니다.

다음은 중심 원자 주위에 존재하는 공유 전자쌍의 수에 따라 분자의 구조가 달라지는 것을 나타낸 표입니다.

구분	2개	3개	4개
전자쌍 배치			
결합각	180˚	120˚	109.5˚
분자 모양	직선형	평면 정삼각형	정사면체형

전자쌍 배치에 따른 분자 모양

따라서 중심 원자에 공유 전자쌍이 2개, 3개, 4개씩 존재하는 화합물의 실제 예와 구조를 살펴보면 다음과 같습니다.

공유 전자쌍 수	2개	3개	4개
루이스 전자점식	:F:Be:F:	:F: B :F: :F:	H H:C:H H
분자 모형			
결합각	180°	120˚	109.5˚
분자 모양	직선형	평면 정삼각형	정사면체형

전자쌍 배치에 따른 화합물의 실제 예와 구조

3원자 분자인 이플루오린화 베릴륨(BeF_2)은 중심 원자인 베릴륨(Be)이 가지는 공유 전자쌍이 2개이므로 180°의 결합각을 가진 직선형이 되고, 4원자 분자인 삼플루오린화 붕소(BF_3)는 중심 원자인 붕소(B)가 가지는 공유 전자쌍이 3개이므로 120°의 결합각을 가진 평면 정삼각형의 구조를 이루게 됩니다. 마지막으로 메테인(CH_4)의 경우 중심인 탄소(C) 원자에 4개의 전자쌍이 존재하므로 109.5°의 결합각을 가진 정사면체형이 되는 것이죠.

천재만별! 분자 구조 예측하기

앞에서 화합물을 이루는 원자 수가 같더라도 그 분자의 모양은 같지 않다고 했는데요. 이는 중심 원자가 가진 공유 전자쌍뿐만 아니라 비공유 전자쌍도 분자의 모양에 영향을 주기 때문입니다. 비공유 전자쌍도 공유 전자쌍과 마찬가지로 반발력이 작용하기 때문에 이들에 의해 분자의 모양이 더욱 다양하게 나타날 수 있거든요. 이때 비공유 전자쌍은 한 원자에만 속해 있으므로 서로 다른 원자들 사이에서 이루어지는 공유 전자쌍에 비해 더 큰 공간[29]을 차지하게 됩니다. 따라서 전자쌍 사이의 반발력은 공유 전자쌍들 사이보다 비공유 전자쌍과 공유 전자쌍 사이에서 더 크며, 비공유 전자쌍들 사이에서 가장 크게 작용합니다.

예를 들어볼까요? 흥미롭게도 메테인(CH_4), 암모니아(NH_3), 물(H_2O) 분자는 성질이 전혀 다른데도 모두 공유 전자쌍과 비공유 전자쌍을 합쳐 총 4개의 전자쌍을 갖고 있습니다.

수소 화합물	공유 전자쌍 수	비공유 전자쌍 수	중심 원자의 총 전자쌍 수
CH_4	4	0	4
NH_3	3	1	4
H_2O	2	2	4

2주기 수소 화합물의 전자쌍 수

---

29) 공유 전자쌍과 비공유 전자쌍.

공유 전자쌍

비공유 전자쌍

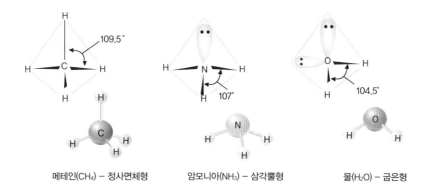

메테인(CH_4) – 정사면체형   암모니아(NH_3) – 삼각뿔형   물(H_2O) – 굽은형

그런데 비공유 전자쌍과 공유 전자쌍 사이의 반발력이 공유 전자쌍들 사이의 반발력보다 크므로 공유 전자쌍으로만 이루어진 메테인에 비해 비공유 전자쌍이 1개 존재하는 암모니아는 중심 원자의 결합각이 109.5°보다 약간 작은 107°가 됩니다. 따라서 삼각뿔형을 이루게 되지요. 또, 물 분자는 비공유 전자쌍이 2개나 존재하므로 이들 사이의 반발력이 더 크게 작용하여 중심 원자의 결합각은 107°보다 더 작은 104.5°가 되고 굽은형을 이루게 되는 거죠.

만약 중심 원자가 다중 결합을 이룬다면 어떤 구조를 예측할 수 있을까요? 이산화 탄소(CO_2)에서 중심 원자인 탄소는 메테인의 경우처럼 4개의 전자쌍을 갖고 있지만 탄소(C) 원자와 산소(O) 원자 사이에 각각 2개의 2중 결합이 이루어져 서로 반발하는 꼴이므로 결합각 180°를 이루는 직선형이 됩니다.

에타인(C_2H_2)도 마찬가지로 중심에 있는 탄소(C)와 탄소(C) 원자 사이에는 3중 결합이, 양쪽 수소(H) 원자와는 단일 결합을 이루게 되므로 결합각 180°인 직선형 구조가 됨을 알 수 있습니다.

폼알데하이드(HCHO)는 어떤 구조일까요? 중심 원자인 탄소(C) 원자 주위에 2개의 수소(H) 원자와 각각 단일 결합으로, 1개의 산소(O) 원자와 2중 결합을 이루고 있는데요. 이 경우에도 마찬가지로 삼플루오린화 붕소(BF_3)와 같이 삼각형의 중심에 탄소(C) 원자가, 그리고 각 꼭짓점에 3개의 원자가 놓이는 구조가 됩니다. 이때 C=O의 2중 결합의 전자 밀도가 높아 2중 결합과 단일 결합 사이의 반발력이 크므로 결합각은 평면 정삼각형인 120°가 아닌 약 122°와 116°가 되는 것이죠. 따라서 분자 내에 다중 결합이 포함되어 있다면 이를 공유 전자쌍 1개인양 취급하여 분자의 모양을 예측하면 됩니다.

구분	이산화 탄소(CO_2)	에타인(C_2H_2)	폼알데하이드(HCHO)
루이스 전자점식	$\ddot{O} = C = \ddot{O}$	$H:C::C:H$	:O: 위 H:C:H
분자 모형	180°		115.8° 122.1°
결합각	180°	180°	약 120°
분자 모양	직선형	직선형	평면 삼각형

다중 결합을 가진 분자의 모양

자, 배운 내용을 복습하는 차원에서 문제를 풀어봅시다.

멋지게 풀어요! [대수능 모의평가]

다음은 임의의 2주기 원소 X~Z로 구성된 분자 (가), (나)의 루이스 전자점식이다.

$:\ddot{Y}:X:\ddot{Y}:$ $:\ddot{X}::Z::\ddot{X}:$

(가)   (나)

이에 대한 설명으로 옳은 것만을 〈보기〉에서 있는 대로 고른 것은?

〈보기〉
ㄱ. (나)에 있는 비공유 전자쌍의 수는 4개이다.
ㄴ. 결합각은 (나) 〉 (가)이다.
ㄷ. ZY_4의 분자 모양은 정사면체형이다.

① ㄱ   ② ㄷ   ③ ㄱ, ㄴ   ④ ㄴ, ㄷ   ⑤ ㄱ, ㄴ, ㄷ

정답: ⑤

공유 전자쌍은 서로의 원자가 전자 1개씩을 내어놓아 형성되는 것이고, 비공유 전자쌍은 그 원자가 가진 전자의 수로 보면 됩니다. 따라서 루이스 전자점식에서 각 원자가 가진 원자가(原子價) 전자 수를 판단할 수 있죠.

(가)와 (나)의 화합물의 구조가 예측 되나요? (가)의 경우 중심 원소 X의 주변에 있는 전자쌍은 공유 전자쌍 2개와 비공유 전자쌍 2개임을 알 수 있습니다. (나)는 중심 원소 Z가 이루는 공유 전자쌍은 총 4개이지만, 양쪽의 X 원소와 각각 2중 결합을 하고 있네요. 먼저 (가)의 원자가(原子價) 전자 수를 세어보면 X는 6개, Y는 7개이므로 X는 산소(O) 원자이고, Y는 플루오린(F)임을 알 수 있습니다. 즉, 물(H_2O) 분자의 구조와 같이 공유 전자쌍 2개와 비공유 전자쌍 2개가 존재하므로 결합각은 약 $104.5°$인 굽은형 구조임을 예측할 수 있지요. 반면 (나)에서 Z는 원자가(原子價) 전자가 4개인 탄소(C)로서 양쪽의 산소(O) 원자와 각각 2중 결합을 이룬 이산화 탄소(CO_2)임을 알 수 있습니다. 따라서 (나)에 있는 비공유 전자쌍의 수는 각각 산소 원자인 X에 2개씩 총 4개이며, 결합각 $180°$를 이룬 직선형 구조임을 예측할 수 있지요. 그렇다면 ZY_4는 어떤 화합물일까요? ZY_4는 사플루오린화 탄소(CF_4)로서 마치 메테인(CH_4)과 같은 정사면체형의 구조를 갖게 됩니다.

성질하는 분자의 전기 음성도

"선생님. 분자의 구조로부터 어떻게 분자의 성질을 예측할 수 있는 거죠?" 좋은 질문입니다. 원소가 가지는 저마다의 개성 중 하나인 전기 음성도에서 분자의 성질을 알 수 있답니다.

전기 음성도란 영어로 'electronegativity', 즉 'electron(전자)'를 얻어 'negative(마이너스(-))'를 띠는 'ability(능력)'을 말합니다(전자를 얻으면 음이온이 되는 원리). 다시 말해 공유 결합을 형성하고 있는 두 원자 사이의 공유 전자쌍을 힘이 더 센 원자가 많이 끌어당기게 되는데, 이러한 상대적인 힘의 세기를 수치로 나타낸 것이 전기 음성도입니다. 전기 음성도는 라이너스 폴링(Linus Pauling, 1910~1994)에 의해 정립된 개념으로 플루오린(F)의 전기 음성도를 4.0으로 기준했을 때 다른 원소들의 전기 음성도를 상대적으로 나타낸 값을 의미해요.

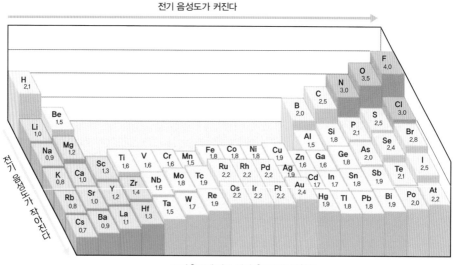

주기율표에 따른 전기 음성도의 경향성

따라서 원소들은 화학 결합을 통해 저마다 전기 음성도에 차이를 보이면서 자신의 색깔을 드러내게 되지요. 수소(H_2)와 염화 수소(HCl)의 경우를 비교해 볼까요? 먼저 수소 분자에서는 두 원자가 모두 수소이기 때문에 전기 음성도의 차이가 나타나지 않습니다. 이렇게 같은 종류의 원자들이 공유 결합을 하는 경우 공유 전자쌍의 전자들은 어느 한쪽 원자로 치우치지 않고 동등하게 공유되는데, 이러한 결합을 '무극성 공유 결합'이라고 해요. 이때 극성이란 자석의 N극과 S극처럼 (+)전하를 띠는 극과 (−)전하를 띠는 극으로 나누어져 있다는 의미입니다.

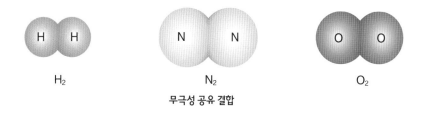

H_2

N_2

O_2

무극성 공유 결합

한편 염화 수소(HCl)는 전기 음성도가 서로 다른 수소 원자와 염소 원자가 공유 결합을 형성하게 되는데요. 이때 공유 전자쌍은 전기 음성도가 큰 염소 원자 쪽으로 치우치기 때문에 염소는 부분적인 (−)전하($\delta-$)를 띠고, 수소는 부분적인 (+)전하($\delta+$)를 띠게 됩니다. 이렇게 전기 음성도의 차이로 한쪽 원자 쪽으로 공유 전자쌍이 치우쳐 분자 내에 부분적인 전하를 갖는 결합을 '극성 공유 결합'이라고 하지요.

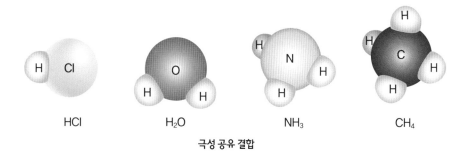

HCl

H_2O

NH_3

CH_4

극성 공유 결합

이때 결합이나 분자의 극성에 대한 크기를 나타내기 위해 쌍극자 모멘트(μ)라는 물리량을 사용하는데요. 이는 두 원자가 가지는 전하량(q)과 두 전하 사이의 거리(r)를 곱한 벡터량으로, 쌍극자 모멘트의 값이 크면 클수록 극성이 강하게 나타납니다. 따라서 같은 원소로 이루어진 수소 기체(H_2), 질소 기체(N_2), 산소 기체(O_2)의 경우 '무극성 공유 결합'을 이루며 분자 내에 전하가 고르게 분포되어 부분 전하를 갖지 않아요. 즉, 이들의 쌍극자 모멘트의 합은 0으로 이러한 분자들을 '무극성 분자'라고 표현합니다. 분자 내에 '극이 없다'는 의미지요.

그렇다면 '극성 공유 결합'을 하는 분자의 경우 모두 '극성 분자'일까요? 예를 들어 이플루오린화 베릴륨(BeF_2), 삼플루오린화 붕소(BF_3), 메테인(CH_4), 이산화 탄소(CO_2)의 구조를 살펴보면 순서대로 직선형, 평면 정삼각형, 정사면체형, 직선형으로 대칭 구조임을 알 수 있습니다. 즉, 이들의 경우 분자를 구성하는 공유 결합은 서로 다른 전기 음성도를 가진 원자 사이의 결합으로서 '극성 공유 결합'을 가진 분자이지만 대칭 구조를 이루므로 쌍극자 모멘트의 합이 0이 되어 분자 자체의 성질은 극을 띠지 않는 '무극성 분자'가 되는 것이죠.

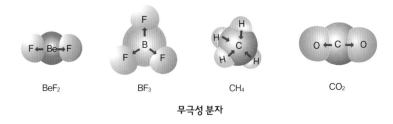

BeF₂   BF₃   CH₄   CO₂

무극성 분자

한편 극성 공유 결합을 하는 분자들 중 분자 내에 전하가 고르게 분포되어 있지 않아 부분 전하를 가질 경우 쌍극자 모멘트의 합이 0이 되지 않으므로 분자 내에 극을 띠는 '극성 분자'가 됩니다. 이때 대칭 구조란 위, 아래, 좌, 우 어느 쪽에서 봐도 모두 대칭적이어야 함을 의미해요. 따라서 극성 결합을 가진 화합물의 경우 대칭 구조가 아니라면 극성이 상쇄될 수 없기에 공유하기로 했던 전자쌍들이 욕심쟁이인 원소 한쪽으로 쏠린 것 같은 모양새가 되며, 이러한 분자들을 극성 분자라고 부른답니다. 물(H_2O)과 암모니아(NH_3)의 경우엔 산소 (O)와 질소(N)가 욕심쟁이 원소에 해당하지요!

극성 분자

지금까지 분자의 구조에 의해 분자의 극성 여부가 결정되는 것을 살펴보았는데요. 분자의 극성은 물질의 물리적 성질과 화학적 성질에 영향을 줍니다. 예를 들어 분자량이 비슷한 경우 극성 분자가 무극성 분자에 비해 끓는점과 녹는점이 높게 나타나죠. 마치 자석의 N극이 S극에 끌리듯이 한 분자의 부분 전하가 다른 분자의 부분 전하에 끌려 더 큰 인력이 작용하는 겁니다.

물질의 용해성도 극성 여부에 따라 달라지는데요. 극성 분자는 극성 용매에 잘 용해되고, 무극성 분자는 무극성 용매에 잘 용해됩니다. 떡볶이의 매운 맛을 가라앉히고 싶을 때에는 물보다 우유를 마시는 게 더 효과가 좋은 원리와 같은 셈이죠. 매운 맛 성분인 고추의 캡사이신은 물(극성 분자)보다 기름(무극성 분자)에 더 잘 녹는 구조거든요. 즉, 우유 속 지방으로 매운 맛 성분을 싹 녹여 내는 거죠. 과학의 원리를 생활의 지혜로 현명하게 활용한 사례입니다.

그림 (가)와 (나)는 CO_2와 BF_3를 루이스 전자점식으로 나타낸 것이다.

$$\ddot{\text{O}}::\text{C}::\ddot{\text{O}}$$

$$\ddot{\text{F}}::\text{B}::\ddot{\text{F}} \quad \ddot{\text{F}}$$

(가)   (나)

(가)와 (나)의 공통점으로 옳은 것만을 〈보기〉에서 있는 대로 고른 것은?

〈보기〉
ㄱ. 극성 공유 결합이 있다.
ㄴ. 중심 원자는 옥텟 규칙을 만족한다.
ㄷ. 무극성 분자이다.

① ㄴ   ② ㄷ   ③ ㄱ, ㄴ   ④ ㄱ, ㄷ   ⑤ ㄱ, ㄴ, ㄷ

정답: ④

이산화 탄소(CO_2)와 삼플루오린화 붕소(BF_3)의 구조는 앞에서 언급되었는데요. 이들을 이루는 각 원자와 원자 사이의 모든 결합은 전기 음성도가 서로 다른 원소들 사이의 결합에 해당하므로 극성 공유 결합이지만, 두 분자 모두 대칭 구조이므로 쌍극자 모멘트의 합이 0이 되어 무극성 분자임을 알 수 있습니다. 또한 이산화 탄소(CO_2)는 중심 탄소 원자가 가지는 공유 전자쌍이 4개이므로 옥텟 규칙을 만족하지만, 삼플로우린화 붕소(BF_3)의 경우 중심 붕소 원자가 가지는 공유 전자쌍이 3개로, 옥텟 규칙을 만족하지 않아요.

이번 강에서는 분자의 구조에 따라 그들의 성질이 어떻게 달라지는지 살펴보았습니다. 분자 속 원자들의 밀당(밀고 당기기)이 대칭 구조 속에서 상쇄될 수도 있지만, 비대칭 구조일 경우 그렇지 않다는 점도 알게 되었죠. 즉, 분자의 성질은 분자 속 원자들이 어떻게 결합하고, 어떤 구조인지에 따라 달라진다는 사실! 꼭 기억하세요.

미라클 키워드

· 결합의 극성

① 무극성 공유 결합: 전기 음성도가 같은 원자 사이의 공유 결합으로 공유 전자쌍이 치우치지 않아

부분적인 전하기 생기지 않음(H_2, N_2, O_2 등)

② 극성 공유 결합: 전기 음성도가 서로 다른 원자 사이의 공유 결합으로 공유 전자쌍이 전기 음성도가

큰 원자 쪽으로 치우치므로 부분적인 전하가 생김(HCl, BF_3, CH_4,CO_2, H_2O, NH_3 등)

· 분자의 극성

① 무극성 분자: 분자 내에 전하가 고르게 분포되어 부분적인 전하를 갖지 않는 분자로 쌍극자 모멘트의

합이 0임. 같은 원소로 이루어진 2원자 분자와 극성 공유 결합을 하지만 대칭 구조인 분자에 해당됨

(H_2, N_2, O_2 , BF_3, CH_4, CO_2 등)

② 극성 분자: 분자 내에 전하의 분포가 고르지 않아 부분적인 전하를 갖는 분자로서 쌍극자 모멘트의

합이 0이 아님. 극성 공유 결합을 하는 비대칭 구조에 해당됨(HCl, H_2O, NH_3 등)

원소 기호는
어떻게 정해졌을까?

아메리슘(Am), 퀴륨(Cm), 코페르니슘(Cn)…
원소 기호 중에서 좀 낯선 이름들이지만 왠지 친근하지 않나요? 그 이유는
원소 기호가 나라 이름, 지명, 신화, 사람 이름 등 다양한 곳에서 유래되었
기 때문입니다. 아메리슘은 '아메리카', 퀴륨은 노벨상 수상자인 '마리 퀴
리(Marie Curie, 1867~1934)', 코페르니슘은 지동설을 처음 주장한 천문
학자 '니콜라스 코페르니쿠스(Nicolaus Copernicus, 1473~1543)'의 이름
에서 유래된 것이죠.
정치적 상황에 따라 이름이 결정된 원소도 있습니다. '더브늄(Db)은 소련
의 두브나에 있는 합동핵연구소에서 맨 처음 보고되었는데요. 당시 확실한
결과를 얻지 못해 2년이 지나서야 제대로 된 데이터를 얻을 수 있었지요.
그런데 그 사이 미국 로렌스버클리연구소에서도 이 원소에 대한 연구가
이루어지면서 두 나라에서 서로 다른 이름을 내놓게 됩니다. 소련은 덴마

(좌) 닐스 보어: 원자 구조의 이해와 양자
역학의 성립에 기여한 덴마크의 물리학자
(1922년 노벨물리학상 수상)

(우) 오토 한: 프로트악티늄(Pa)을 발견하
고 우라늄핵분열 연구로 원자폭탄 제조 계
획의 초석을 깐 독일의 방사화학자이자 핵
화학자(1944년 노벨 화학상 수상)

크의 물리학자 닐스 보어(Niels Bohr, 1885~1962)의 이름을 따 '닐스보륨(Ns)'으로, 미국은 노벨화학상을 수상한 오토 한(Otto Hahn, 1879~1968)의 이름을 따 '하늄(Ha)'으로 할 것을 제안했지요. 한 치의 양보도 없는 상황, 몇 차례의 공방 끝에 마침내 IUPAC(국제 순수 및 응용화학연맹)에서 이 원소의 이름을 더브늄이라고 명명합니다. 국제기구의 중제로 원소를 발견한 도시 이름이 붙여진 것이죠.

그 밖에 재미있는 이름이 붙여진 원소 기호를 정리해보았으니 242쪽에서 확인하세요. 원소 기호를 보며 어디서 유래했는지 맞춰보고, 여러분이 새로운 원소를 발견한다면 어떤 이름을 붙일지 정해보는 건 어떨까요? 우리나라의 이름을 따 '코리아늄'으로 짓는다거나 본인의 이름을 넣어 '희나슘'과 같이 재미있는 이름을 지어보세요.

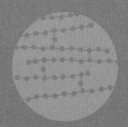

11

탄소(C) 왕국(王國)

무궁무진한 탄소 결합

우리가 즐겨 먹는 피자는 다양한 탄소 화합물들이 어우러져 그 맛을 냅니다. 피자 도우(빵)의 주성분은 녹말이고, 그 위에 뿌려진 모차렐라 치즈의 주성분은 단백질이죠. 또 피자의 모양과 맛을 한층 돋워주는 다양한 토핑 재료(햄 또는 베이컨, 올리브 등)에도 단백질과 지방, 불포화 지방산 등이 들어 있습니다.

녹말, 단백질, 지방 등 우리가 즐겨 먹는 음식을 구성하는 대부분의 화합물은 탄소로 이루어져 있는데요. 음식뿐만 아니라 실생활에서 사용하는 다양한 용품들도 대부분 탄소 화합물로 이루어져 있어요. 가스레인지의 LNG[30] 가스, 여러분이 입고 있는 의류, 자동차 연료인 가솔린 등도 모두 탄소 화합물로 이루어져 있죠.

현재까지 알려진 탄소 화합물의 수는 수천만 종에 이르며 매년 새로운 탄소 화합물들이 발견되거나 합성되고 있습니다. 어떻게 이처럼 다양한 탄소 화합물이 만들어질 수 있었을까요? 그 비밀은 탄소 원자에 있답니다. 지금부터 탄소 화합물이 가지는 다양한 구조와 그 비밀을 샅샅이 파헤쳐봅시다.

탄소 원자는 원자가(原子價) 전자가 4개이므로 탄소 원자 1개가 최대 4개의 다른 원자와 다양하게 결합할 수 있어요. 이러니 화합물의 종류가 많이 나올 수밖에 없겠죠? 탄소는 같은 탄소 원자끼리는 물론이고 수소, 산소, 질소, 플루오린 등 다른 여러 종류의 원자들과 공유 결합함으로써 더욱 풍요로운 탄소 화합물을 만들 수 있습니다. 그렇다면 탄소 화합물의 구조는 어떨까요? 그림과

---

30) LNG(Liquified Natural Gas) : 액화 천연 가스

같이 탄소 원자와 탄소 원자가 사슬 모양으로 연결된 구조가 될 수도 있고, 탄소 원자들이 엮인 사슬 사이에 가지를 친 또 다른 사슬로 연결될 수도 있죠. 그 뿐인가요? 탄소 원자와 탄소 원자가 고리 모양으로 연결될 수도 있으며, 결합했던 탄소와 다시 한 번 더 결합하는 2중 결합, 또 두 번 더 결합하는 3중 결합을 가진 구조도 가능합니다.

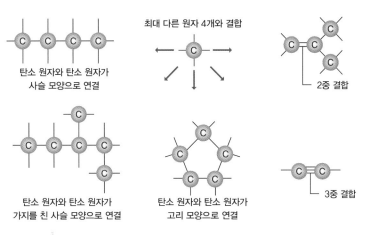

탄소의 다양한 결합 방식

탄소 화합물 중 탄소와 수소로만 이루어진 물질을 탄화수소라고 하는데요. 이들을 몇 가지 기준에 따라 분류해보겠습니다. 우선 결합 모양에 따라 사슬 모양, 또는 고리 모양으로 나눌 수 있답니다.

사슬 모양 탄화수소	고리 모양 탄화수소
헥세인(C_6H_{14})	사이클로헥세인(C_6H_{12})

사슬 모양과 고리 모양의 탄화수소

또 탄소 원자 사이의 결합이 모두 단일 결합으로 이루어진 탄화수소를 포화 탄화수소라고 하고, 그렇지 않고 2중 결합, 3중 결합을 가진 탄화 수소를 불포화 탄화수소라고 하지요.

포화 탄화수소		불포화 탄화수소	
에테인	프로페인	$H-C{\equiv}C-H$	

포화와 불포화 탄화수소

벤젠 고리[31]를 포함하는지 아닌지의 여부에 따라 방향족 탄화수소와 지방족 탄화수소로 분류하기도 하는데요. 탄화수소는 다양한 화합물을 만들어낼 수 있기 때문에 복잡해 보일 수도 있지만, 사실 몇 가지 기준으로 깔끔하게 정리할 수 있답니다. 지금부터 그 첫 번째인 사슬 모양 탄화수소부터 살펴보도록 할게요.

31) 벤젠(C_6H_6)의 구조 :

모양 결합①: 알케인

  사슬 모양 탄화수소 중 탄소 원자 사이의 결합이 모두 단일 결합으로 구성된 포화 탄화수소를 '알케인(alkane)'이라고 합니다. 알케인의 일반식은 C_nH_{2n+2}로서 탄소 원자가 1개인 경우(n=1) 분자식은 CH_4가 되고, 탄소 수를 나타내는 말(메타, metha-)의 어미에 알케인(alkane)의 '-에인(-ane)'을 붙여 '메테인(methane)'이라고 부르지요. 탄소 원자가 2~3개일 때는 어떻게 이름을 붙이면 될까요? 전혀 복잡하지 않답니다. 탄소 원자의 개수에 따라 아래 표에 나와 있는 탄소 수를 나타내는 용어를 이용하면 되거든요. 만약 탄소 수가 6(n=6)이라면 분자식은 C_6H_{14}이고 그 이름은 헥세인(hexane)이 되는 거죠.

수	1	2	3	4	5	6	7	8	9	10
물질 이름	metha	etha	propa	buta	penta	hexa	hepta	octa	nona	deca

탄소 수에 따른 이름

  알케인의 구조를 살펴보면 각 탄소 원자가 가지는 공유 전자쌍이 4개이므로 메테인과 같이 각 탄소를 중심으로 결합각 109.5°를 이루는 사면체 구조임을 알 수 있습니다. 알케인은 화학적으로 안정해 상온에서 쉽게 반응하지 않고 탄소 수가 많아질수록 분자 사이의 인력이 증가하여 녹는점과 끓는점이 높게 나타나지요. 또한 대칭 구조를 띠는 무극성 분자에 해당하므로 물에 잘 녹지 않는 성질이 있습니다.

메테인(CH₄) 에테인(C₂H₆) 프로페인(C₃H₈)

알케인의 구조

한편 탄소 수가 4개(n=4) 이상인 경우에는 분자식은 같지만 구조식의 차이로 성질이 다른 관계가 존재할 수 있는데요. 이러한 관계를 '구조 이성질체'라고 표현합니다. 뷰테인(C_4H_{10})의 경우엔 길고 곧게 뻗은 사슬 구조를 이루는 *n*-뷰테인(노르말 뷰테인)도 있지만, 사슬 가운데에서 한 개의 가지를 친 *iso*-뷰테인(아이소 뷰테인)도 있지요. 이때 *n*-뷰테인의 끓는점은 *iso*-뷰테인보다 높은데요. 그 이유는 가지가 없는 사슬 구조인 경우 표면적이 넓어 분자와 분자 사이의 인력이 커서 그만큼 떼어내기 어렵기 때문이에요.

화합물	*n*-뷰테인	*iso*-뷰테인
분자식	C_4H_{10}	C_4H_{10}
구조식		
분자 모형		
끓는점(℃)	−0.5	−11.7

뷰테인(C_4H_{10})의 구조 이성질체

이번에는 사슬 모양 탄화수소 중 탄소와 탄소 원자 사이의 결합에서 단일 결합이 아닌 2중 결합 또는 3중 결합을 포함하는 불포화 탄화수소를 살펴볼게요. 이때 '불포화'란 용어는 '포화해 있지 않은' 즉, 탄소가 서로 다른 원자와 결합한 상태가 아니라 이미 결합한 탄소 원자와 다시 결합하는 상태를 의미합니다.

탄소 원자 사이에 2중 결합을 포함하는 사슬 모양의 불포화 탄화수소를 '알켄(alkene)'이라고 하는데요. 일반식은 C_nH_{2n}이며 탄소 원자가 적어도 2개는 있어야 2중 결합을 가진 분자를 만들 수 있습니다.

이 경우(n=2) 분자식은 C_2H_4로서 탄소 수를 나타내는 말(에타, etha-)의 어미에 알켄(alkene)의 '-엔(-ene)'을 붙여 '에텐(ethene)'이라고 부릅니다.

그렇다면 알켄의 구조는 어떻게 생겼을까요? 2중 결합을 이루는 두 탄소 원자에 연결된 원자들이 이루는 구조를 살펴보면, 다중 결합을 전자쌍 1개로 취급할 경우 총 전자쌍 3개가 반발하는 꼴이 되어 삼플루오린화 붕소(BF_3)처럼 같은 평면에서 $120°$의 결합각을 이룬 구조를 띠게 됩니다.

그럼 탄소 수가 3개(n=3)인 프로펜의 구조를 살펴봅시다. 먼저 프로펜의 일반식은 C_3H_6로 2중 결합 1개를 포함한 구조입니다. 이때 2중 결합을 포함하는 탄

에텐(C_2H_4)	프로펜(C_3H_6)

알켄의 구조

소와 탄소 원자 사이는 평면 구조가 되지요. 그러나 단일 결합을 이루는 맨 왼쪽 탄소 원자를 중심으로 살펴보면 공유 전자쌍 4개가 서로 다른 원자 4개와 결합되어 있으므로 사면체형의 입체 구조를 이루고 있음을 알 수 있습니다. 한편 알켄은 2중 결합이 끊어지면서 첨가 반응을 할 수 있기 때문에 단일 결합으로만 이루어진 알케인에 비해 반응성이 크답니다.

모양 결합③: 알카인

이번에는 사슬 모양 탄화수소 중 3중 결합을 포함하는 불포화 탄화수소인 알카인(alkyne)을 살펴볼까요? 알카인의 일반식은 C_nH_{2n-2}이며, 알켄과 마찬가지로 탄소 원자가 적어도 2개보다 많아야 합니다. 그래야 3중 결합을 가진 분자를 만들 수 있으니까요.

탄소 수가 2개(n=2)인 경우 분자식은 C_2H_2로서 탄소 수를 나타내는 말(에타, etha-)의 어미에 알카인(alkyne)의 '-아인(-yne)'을 붙여 '에타인(ethyne)'이라고 부릅니다.

알카인의 구조는 앞 강에서 배웠던 베릴륨(BeF_2)의 구조와 비슷합니다. 3중 결합을 이루는 두 탄소 원자에 연결된 원자들이 이루는 구조를 살펴보세요. 다중 결합을 전자쌍 1개로 취급할 경우 총 전자쌍 2개가 반발하는 꼴이 되므로 결합각 180°를 만들면서 같은 직선 위에 놓이는 구조가 되죠.

탄소 수가 3개(n=3)인 프로파인의 일반식은 C_3H_4이며 3중 결합 1개를 포함한 구조인데요. 3중 결합을 이룬 탄소 원자들은 같은 직선상에 위치하게 됩니다. 그러나 단일 결합을 이루는 탄소 원자를 중심으로 살펴보면 공유 전자쌍 4개가 서로 다른 원자 4개와 결합되어 있으므로 사면체형의 입체 구조를 나타

에타인(C_2H_2)	프로파인(C_3H_4)

알카인의 구조

내게 되는 것이죠.

한편 알카인은 3중 결합을 갖고 있기 때문에 2중 결합을 가진 알켄보다, 그리고 단일 결합을 이룬 알케인보다 반응성이 더 크다는 것을 예측할 수 있답니다.

여기까지 사슬 모양 탄화수소의 결합 구조에 대해 살펴보았는데요. 배운 내용을 떠올리며 문제를 재미있게 풀어봅시다.

두 탄화수소의 화학식을 보면서 어떤 생각이 들었나요? 우선 이들의 일반식이 어떤 꼴인지를 살펴봐야겠죠? 첫 번째와 두 번째 화학식 모두 탄소는 4개, 수소는 6개로 이루어진 C_4H_6임을 알 수 있습니다. 따라서 가장 간단한 정수비로 나타낸 실험식은 C_2H_3가 되죠. 그 다음 이들이 갖는 구조를 살펴보기 위해 그림을 그려봅시다. 첫 번째 화학식의 경우 각 탄소의 원자가(原子價) 전자가 4개이므로 가운데에 위치한 두 탄소 원자는 서로의 손을 2번 더 잡겠지요? 즉 3중 결합이 존재함을 알 수 있습니다.

H-C-C-C-H ⟹ H-C≡C-C-H
(가)　　　　　(나)

　두 번째 화학식의 구조는 어떻게 예측할 수 있나요? 먼저 각 탄소와 연결된 수소 원자를 배치하면 그림 (가)와 같은 구조가 됩니다. 이때 탄소의 원자가(原子價) 전자 수 4개를 맞춰보면 첫 번째 탄소와 두 번째 탄소 원자 사이 그리고 세 번째 탄소와 마지막 탄소 원자 사이에 2중 결합이 각각 1개씩 놓인 구조가 되지요.

H-C-C-C-H ⟹ H-C=C-C=C-H
(가)　　　　　(나)

　따라서 2가지 탄화수소는 각각 3중 결합을 가진 구조, 또 2중 결합 2개를 가진 구조임을 알 수 있습니다. 그렇다면 이들의 공통점은 무엇일까요? 앞서 언급했듯 실험식이 C_2H_3로 서로의 분자식이 같지요.

　또 첫 번째 탄화수소의 경우 3중 결합으로 연결되어 있는 두 탄소 원자뿐만 아니라 그들과 연결된 양쪽 끝의 탄소 원자들 역시 직선상에 위치하지만 수소 원자들의 경우 사면체의 꼭짓점에 위치하는 꼴이 되어 모든 원자들이 같은 평면에 위치할 수 없게 됩니다(A). 두 번째 탄화수소의 경우엔 2중 결합이 2개씩 존재하는 구조이므로 이를 중심으로 배치되어 있는 모든 원자는 같은 평면상에 위치하고요(B). 따라서 모든 원자들이 한 평면 위에 놓인 구조라고 볼 수 있지요.

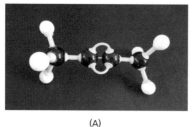

(A)

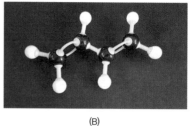

(B)

　지금까지 사슬 모양의 탄화수소에 대해 살펴보았는데요. 앞서 말했다시피 이들은 실생활에서 아주 유용하게 쓰입니다. 먼저 메테인(CH_4)은 가정용 연료인 LNG의 주성분이며, 프로페인(C_3H_8)과 뷰테인(C_4H_{10})은 자동차 연료로 사용되는 LPG[32]의 주성분이에요. 또한 에텐(C_2H_4)은 식물이 자라는 데 필수인 식물 호르몬이기 때문에 덜 익은 바나나에 에텐을 처리하면 빨리 익게 된답니다.

에텐 처리

에텐을 처리하면 바나나가 빨리 익는다.

　한편 에타인(C_2H_2)은 아세틸렌이라고도 부르는데요. 이 기체는 산소를 충분히 공급하면서 연소시키면 3000℃ 이상의 고온을 내므로 철의 절단과 용접에 사용하기도 합니다.

---

32) LPG(Liquified Petroleum Gas) : 액화 석유 가스

에타인을 이용해 용접하는 모습

이제 고리 모양의 탄화수소를 알아볼 차례인데요. 사슬 모양의 탄화수소와 마찬가지로 고리 모양의 탄화수소에도 포화 탄화수소와 불포화 탄화수소가 있습니다. 먼저 탄소 원자들 사이에서 단일 결합으로만 이루어진 고리 모양의 포화 탄화수소를 '사이클로알케인(cycloalkane)'이라고 합니다. 일반식은 C_nH_{2n}이지요. 고리 모양을 만들려면 적어도 탄소 원자 수가 3개 이상이어야 하는데요. 이들의 이름은 탄소 수를 나타내는 말의 어두에 '사이클로(cyclo-)'를 붙인 다음 알케인(alkane)의 '-에인(-ane)'을 붙이면 됩니다.

예를 들어 탄소 수가 6개인 경우(n=6) 화학식은 C_6H_{12}가 되고, 이름은 '사이클로헥세인(cyclohexane)'이라고 부르면 되지요. 아래의 표는 탄소 수가 3~6개인 고리 모양의 포화 탄화수소에 대한 구조적인 특징을 정리한 것입니다.

구분	사이클로프로페인 (C_3H_6)	사이클로뷰테인 (C_4H_8)	사이클로펜테인 (C_5H_{10})	사이클로헥세인 (C_6H_{12})
구조식				
결합각	60°	90°	108°	109.5°

사이클로알케인의 구조

그림에서 알 수 있듯이 사이클로프로페인(C_3H_6)이나 사이클로뷰테인(C_4H_8)의 경우 고리를 이루는 각 탄소 원자 주위의 공유 전자쌍이 4개임에도 불구하고 사면체 구조에 해당하는 중심각인 109.5°를 이루지 못한 채 억지로 고리를 형성한 구조가 되는데요. 이 때문에 구조가 불안정하여 결합이 잘 끊어져 고리가 열리는 반응이 잘 일어난답니다.

사이클로펜테인(C_5H_{10}) 또는 사이클로헥세인(C_6H_{12})의 경우엔 고리 모양을 형성해도 공유 전자쌍 4개가 배치될 수 있는 결합각인 109.5°에 가깝기 때문에 구조적으로 안정하다는 사실을 알 수 있지요.

이번에는 고리 모양의 탄화수소 중 불포화 탄화수소에 대해 살펴볼게요. 먼저 고리 내에 2중 결합이 1개 존재하는 경우에는 어떤 화합물이 될까요? 이들의 일반식은 C_nH_{2n-2}로서 탄소 수를 나타내는 말의 어두에 '사이클로(cyclo-)'를 붙인 다음 2중 결합을 지칭하는 알켄(alkene)의 '-엔(-ene)'을 붙이면 됩니다. 탄소 수가 6개인 경우(n=6) 일반식은 C_6H_{10}이 되고, 이름은 '사이클로헥센(cyclohexene)'이라고 부르면 되지요.

케쿨레, 꿈에서 벤젠 구조를 밝히다

지금까지 살펴본 사슬 모양의 탄화수소 및 고리 모양의 탄화수소는 모두 지방족 탄화수소에 해당합니다. 다시 말해 방향족 탄화수소가 아니라는 의미죠.

그럼 이제부터 고리 모양의 불포화 탄화수소 중 방향족 탄화수소인 벤젠(C_6H_6)에 대해 알아보겠습니다. 방향족(芳香族)이라는 이름은 독특한 향을 나타내기 때문에 붙여졌는데요. 즉, 벤젠 고리를 포함하고 있는 화합물은 모두 독특한 향을 나타낸다는 사실!

그렇다면 벤젠의 구조는 어떻게 생겼을까요? 먼저 벤젠의 화학식을 살펴보면 탄소 원자 6개와 수소 원자 6개로 이루어져 있는데요. 탄소 수가 같은 헥세인(C_6H_{14})에 비해 수소 원자 수가 매우 부족하죠? 이에 1865년 독일의 화학자인 케쿨레는 6개의 탄소 원자가 단일 결합과 2중 결합을 교대로 반복하는 육각형 고리 모양으로 각 탄소 원자에 수소 원자가 1개씩 결합된 구조를 제안했습니다.

그는 당시를 회상하며 이렇게 말했어요. "나는 책상에 앉아 교과서를 집필하고 있었어요. 그런데 아무리 해도 일이 진행되지 않고 기분도 좋지 않았죠. 그래서 잠시 쉴 겸, 난로 앞에 의자를 두고 앉았는데 잠시 졸았나 봅니다. 꿈속에서 눈앞에 원자가 반짝이더니 그다지 크지 않은 원자단이 조심스럽게 대기하고 있더군요. 비슷한 광경이 되풀이 되어 나타나는 동안 여러 가지 모양을 명확히 볼 수 있었는데요. 바로 긴 열이 몇 개씩 연결되어 뱀처럼 빙빙 돌고 있는 모습이었어요. 그런데 묘한 건 말이죠. 뱀 한 마리가 자신의 꼬리를 물고 돌고 있더라고요. 더욱이 나를 비웃는 것처럼 내 눈앞에서 말이죠! 그때 깜짝 놀라 눈을 떴고 그날 밤, 이 가설을 매듭짓게 되었답니다."

케쿨레의 벤젠 구조

이후 X선 결정학을 통해 벤젠의 구조를 조사하게 되었는데요. 실제로 벤젠은 6개의 탄소 원자들 사이의 결합각이 모두 120°로 탄소 원자와 수소 원자가 모두 한 평면에 나타나는 평면 정육각형 구조임이 밝혀졌습니다.

또한 벤젠을 구성하는 탄소 원자들 사이의 결합 길이는 모두 0.140nm로 탄소 원자 사이의 단일 결합 길이인 0.154nm와 2중 결합 길이인 0.134nm의 중간 정도임이 알려지게 되었죠. 이러한 구조적 특징에 의해 벤젠은 단일 결합과 2중 결합이 교대로 연결된 두 구조가 혼성된 구조인 1.5결합임이 밝혀졌어요. 그리고 이와 같이 1개의 분자가 2개 이상의 결합 구조를 가질 때 그 분자는 여러 결합 구조 사이에서 공명(resonance)하고 있다고 하며, 이러한 분자 구조를 공명 구조라고 표현합니다. 벤젠의 공명 구조는 간단하게 육각형 구조에 동그라미를 그려 표현하기도 합니다.

벤젠의 공명 구조

벤젠 이외의 방향족 탄화수소에는 승화성이 있는 흰색 고체로서 방충제로 사용되기도 하는 나프탈렌($C_{10}H_8$)이 있습니다. 살충제나 코팅 재료로 이용되는 안트라센($C_{14}H_{10}$)도 방향족 탄화수소이지요.

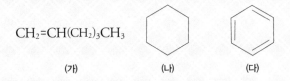

나프탈렌　　　　　　　　**안트라센**

멋지게 풀어요! [전국연합 학력평가]

다음은 탄소 수가 6개인 탄화수소 (가)~(다)의 구조식이다.

$$CH_2=CH(CH_2)_3CH_3$$

(가)　　　　　　**(나)**　　　　　　**(다)**

이에 대한 설명으로 옳은 것만을 〈보기〉에서 있는 대로 고른 것은?

〈보기〉
ㄱ. (가)와 (나)는 분자식이 같다.
ㄴ. (나)는 평면 구조이다.
ㄷ. (다)는 탄소 원자 간 결합 길이가 모두 같다.

① ㄴ　　② ㄷ　　③ ㄱ, ㄴ　　④ ㄱ, ㄷ　　⑤ ㄱ, ㄴ, ㄷ

정답: ④

먼저 (가), (나), (다)의 탄화수소를 분류해볼까요? (가)는 2중 결합을 1개 지닌 사슬 모양의 불포화 탄화수소인 헥센(hexene, C_6H_{12})에 해당하고, (나)는 단일 결합으로 이루어진 고리 모양의 포화 탄화수소인 사이클로헥세인(cyclohexane, C_6H_{12})에 해당합니다. (다)는 1.5결합을 하고 있는 고리 모양의 불포화 탄화수소인 벤젠(C_6H_6)에 해당되죠.

(나)는 고리를 이루는 탄소 원자의 공유 전자쌍이 각각 4개씩이므로 탄소를 중심으로 결합각 $109.5°$를 이루는 입체 구조를 가지게 됩니다. 반면에 (다)는 결합각 $120°$를 이루는 평면 정육각형 구조로 탄소 원자 사이의 결합 길이가 모두 같다는 사실을 알 수 있죠.

이번 강에서는 탄소로 이루어진 탄화수소의 구조적인 특징을 살펴보았는데요. 탄소 화합물에는 탄소와 수소로만 이루어진 화합물뿐만 아니라 매우 다양한 물질들이 존재합니다. 대부분 생명체의 에너지원으로 사용되는 아주 중요한 화합물인 포도당($C_6H_{12}O_6$)도 탄소 화합물의 일종이에요.

포도당은 약 35억 년 전 광합성이 시작된 이래 생명활동에 꼭 필요한 에너지 공급원으로서 존재해왔는데요. 과연 포도당은 어떻게 만들어지는 걸까요? 살짝 귀띔을 하자면 탄소 왕국의 또 다른 주인공, 이산화 탄소($C_6H_{12}O_6$)에 의한 산화·환원 반응을 통해 만들어진답니다. 다음 시간에 이 반응이 무엇인지 배워보도록 해요.

미라클 키워드

· 사슬 모양 탄화수소

① 알케인(alkane, C_nH_{2n+2}): 탄소 원자 사이의 결합이 모두 단일 결합인 사슬 모양의 포화 탄화수소,

  입체 구조이며 결합각은 약 $109.5°$ 임

② 알켄(alkene, C_nH_{2n}): 탄소 원자 사이에 2중 결합이 포함된 사슬 모양의 불포화 탄화수소, 2중

  결합을 하는 두 탄소 원자와 결합한 원자들은 같은 평면에 존재하며 탄소를 중심으로 결합각은

  약 $120°$ 임

③ 알카인(alkyne, C_nH_{2n-2}): 탄소 원자 사이에 3중 결합이 포함된 사슬 모양의 불포화 탄화수소,

  3중 결합을 하는 두 탄소 원자와 결합한 원자들은 같은 직선상에 존재하며 탄소를 중심으로

  결합각은 약 $180°$ 임

· 고리 모양 탄화수소

① 사이클로알케인(cycloalkane, C_nH_{2n}): 탄소 원자 사이의 결합이 모두 단일 결합인 고리 모양의

  포화 탄화수소, 입체 구조이며 결합각은 약 $109.5°$ 임

② 벤젠(C_6H_6): 단일 결합과 2중 결합이 교대로 결합된 두 구조가 혼성된 공명 구조인 고리 모양의

  불포화 탄화수소, 평면 정육각형 구조이며 결합각은 $120°$ 임

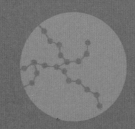
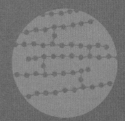

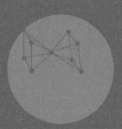

12

산소와의 만남과 헤어짐,
산화 · 환원 반응

범인 은바로 산소!

수빈이는 "아침 사과는 금사과야~"라며 엄마가 깎아 주신 사과를 봉지에 담아 가방에 넣었어요. 그런데 등굣길에 친구들을 만나 깨알 같이 수다를 떠느라 사과의 존재를 까맣게 잊었지 뭐예요? 뒤늦게 봉지 속 사과를 꺼내 보았더니 싱그러운 과일의 모습은 온 데 간 데 없이 누렇게 변해버린 사과만 덩그러니 남았는데요. 왜 이런 현상이 일어났을까요?

범인은 바로 산소(O_2)입니다. 산소는 지구에 존재하는 흔한 원소 중 하나로 거의 모든 물질과 결합할 수 있을 만큼 반응을 잘 한다는 특성이 있어요. 과일의 갈변 외에도 산소와 결합하여 나타나는 산화 반응은 우리 주변에서 다양하게 관찰할 수 있답니다. 가장 대표적인 산화 반응이 화석 연료의 연소 반응이지요. 대부분의 화석 연료는 공기 중 산소와 반응하면서 많은 빛과 열을 냅니다. 돼지갈비 집의 이글거리는 숯도 주성분인 탄소가 공기 중의 산소와 만나 이산화 탄소(CO_2)를 만들어내면서 빛과 열을 내는 원리죠.

천연가스(LNG)의 주성분인 메테인(CH_4)이 연소할 때에도 마찬가집니다. 메테인의 탄소도 산소와 결합하면서 이산화 탄소로 산화하지요. 이처럼 산소가 관여하는 반응에는 화석 연료의 연소 반응뿐만 아니라 녹색 식물의 광합성 과정, 생물체의 호흡 과정에서도 나타납니다. 이 뿐인가요? 산화 철(Fe_2O_3, Fe_3O_4)의 제련 과정을 이용해 철광석으로부터 철을 얻어냄으로써 철기 시대의 문을 열게 된 것도, 철이 녹스는 과정에도 모두 산소가 관여되었음을 알 수 있습니다. 자, 그렇다면 지금부터 산화와 환원 반응이 무엇인지 살펴보도록 하겠습니다.

산화·환원 반응에는 어떤 것들이 있을까?

산소의 이동과 관련된 산화·환원 반응을 정리해볼게요. 원소나 화합물이 산소와 결합하는 반응을 우리는 '산화 반응(oxydation)'이라고 표현합니다. 이때 '산화하다(oxidize)'라는 단어를 살펴보면 '산소'는 'oxygen', '-화하다'는 '-ize'로, 산소가 결합하여 산화된 상태를 표현하는 말임을 알 수 있어요. 이와 관련된 몇 가지 화학 반응식을 찾아보면 탄소(C)가 산소와 반응하여 이산화 탄소(CO_2)가 생성되거나 구리(Cu)나 철(Fe)이 산소와 반응하여 산화 구리(CuO)나 산화 철(Fe_2O_3)이 생성되는 반응을 예로 들 수 있습니다.

$$C + O_2 \rightarrow CO_2$$
$$2Cu + O_2 \rightarrow 2CuO$$
$$4Fe + 3O_2 \rightarrow 2Fe_2O_3$$

그렇다면 산화 반응의 역반응, 즉 산화물이 산소를 잃는 반응은 무엇이라고 할까요? 이 경우엔 다시 돌아간다는 의미로 '환원 반응(reduction)'이라는 표현을 씁니다. 환원 반응과 관련된 화학 반응식도 살펴볼게요. 산화 구리(CuO)나 산화 철(Fe_2O_3)이 산소를 잃고 구리(Cu)나 철(Fe)이 되는 반응이 있겠네요.

$$2CuO \rightarrow 2Cu + O_2$$
$$2Fe_2O_3 + 3C \rightarrow 4Fe + 3CO_2$$

기본을 다졌으니 좀 더 깊게 알아볼까요? 먼저 탄소와 산소가 결합하여 이산화 탄소가 되는 것처럼 산소와 결합하는 반응을 산화 반응이라고 했는데요.

산소는 전자를 끌어당기는 성질이 비교적 강하기 때문에 어떤 원소가 산소와 반응하여 산화하면 그 원소는 공유 전자쌍을 산소에게 내주게 됩니다. 즉, 산소처럼 전자쌍을 끌어당기는 진기 음성도가 큰 원소와 결합하여 전자를 내주게 될 경우 이 반응 역시 산화 반응이라고 할 수 있는 거죠.

같은 맥락으로 이온 결합 물질의 생성 과정에서도 산화 반응을 찾아볼 수 있는데요. 산화 마그네슘(Mgo)이 생성되는 반응을 살펴보면 마그네슘은 전자를 잃으며 양이온이 되고, 산소는 전자를 얻어 음이온이 됩니다.

$$2Mg + O_2 \rightarrow 2MgO(Mg^{2+}O^{2-})$$

이처럼 전자를 잃는 반응을 산화 반응, 전기적으로 중성이었던 산소 원자가 전자를 얻는 반응을 환원 반응이라고 표현할 수 있습니다.

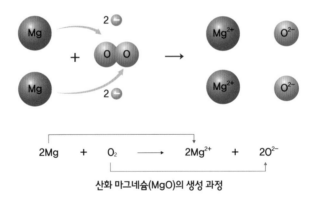

산화 마그네슘(MgO)의 생성 과정

그림과 같이 무색의 질산 은(AgNO₃) 수용액에 구리(Cu) 판을 넣으면 용액이 점점 푸른색으로 변하고 구리판 표면에는 은이 석출되는 것을 관찰할 수 있는데요. 구리가 전자를 잃고 구리 이온(Cu^{2+})이 되면서 용액 속으로 녹아들어가고, 은 이온(Ag^+)은 전자를 얻어 은(Ag)으로 석출되기 때문입니다. 이 과정 역시 전자를 잃고 얻는 산화·환원 반응이에요. 구리는 산화하고, 은 이온은 환원되었음을 잘 알겠죠? 이처럼 산화·환원 반응에서 한 물질이 전자를 잃어서 산화하면 다른 물질은 그 전자를 얻어서 환원됩니다. 따라서 산화·환원 반응은 언제나 동시에 일어나는 것을 알 수 있지요.

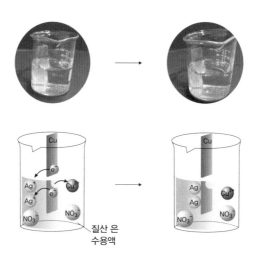

구리(Cu)와 질산 은(AgNO^3) 수용액의 반응

원자 사이에서 서로의 원자가 전자를 공유하는 공유 결합 물질이 형성되는 과정에서도 산화·환원 반응이 일어납니다. 물(H_2O)이 생성되는 반응을 함께 살펴볼까요? 물 역시 수소(H_2)가 산소(O_2)와 결합한 것이므로 산화·환원 반응에 해당합니다. 그러나 이 반응에서는 이온들 사이의 반응에서와 같이 특정 원자가 전자를 잃거나 얻는 관계가 명확하지 않아요.

하지만 산소가 수소에 비해 전기 음성도가 더 크므로 두 원자가 공유 전자쌍을 균등하게 차지하는 게 아니라, 산소가 전자쌍을 더 가까이 끌어당기는 것을 알 수 있지요. 이렇게 공유 결합 물질의 경우 전기 음성도가 큰 원자 쪽으로 공유 전자쌍이 더 치우치게 되므로 전기 음성도가 작은 원자는 부분적인 (+)전하를, 전기 음성도가 큰 원자는 부분적인 (-)전하를 나타내게 됩니다. 따라서 전기 음성도가 작은 원자는 마치 전자를 잃은 상태와 비슷하므로 이 과정을 '산화 반응'이라 하고, 전기 음성도가 큰 원자는 전자를 얻은 상태와 비슷하므로 이 과정을 '환원 반응'으로 볼 수 있지요.

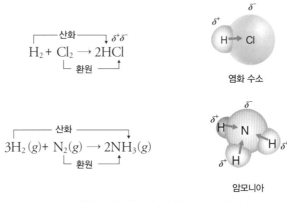

염화 수소(HCl)와 암모니아(NH₃)의 생성 과정

따라서 생명 활동에 필요한 에너지를 얻는 호흡 과정에서 포도당은 산소와 반응하므로 산화 반응이 일어났음을 쉽게 이해할 수 있습니다($C_6H_{12}O_6$ + $6O_2$ → $6CO_2$ + $6H_2O$).

그렇다면 식물이 빛 에너지를 이용하여 이산화 탄소와 물로부터 포도당을 합성하는 광합성 과정($6CO_2$ + $6H_2O$ → $C_6H_{12}O_6$ + $6O_2$)에서 산화되는 물질과 환원되는 물질은 각각 무엇일까요?

화학 반응식에서 알 수 있듯이 주어진 반응물과 생성물 모두 산소를 포함하고 있기 때문에 어떤 특정 물질이 산소를 잃고 얻는 과정에 대해 명확하게 표현하기는 어렵습니다. 따라서 여러 가지 산화·환원 반응을 모두 설명하기 위한 방법이 필요한데요. 지금부터 전기 음성도의 차이로 정의된 산화수가 무엇인지 살펴보고, 산화수의 변화로 어떻게 산화·환원 반응을 설명할 수 있는지 알아볼게요.

산화수란 어떤 물질의 성분 원소가 그 물질 속에서 산화되거나 환원된 정도를 나타내는 가상적인 전하량을 의미합니다. 이때 화합물 내에서 산화된 상태의 경우 (+)로 나타내고, 환원된 경우 (−)로 나타내지요. 마치 전자를 잃은 이온이 양이온이 되고, 전자를 얻은 이온이 음이온이 되는 것처럼 말입니다. 예를 들어 주어진 화합물이 이온 결합 물질일 경우 각 이온의 전하가 그 원자의 산화수에 해당합니다. 즉, 염화 마그네슘($MgCl_2$)의 경우 마그네슘 이온(Mg^{2+})과 염화 이온(Cl^-)의 전하는 각각 +2와 −1이므로 그들의 산화수는 각각 +2와 −1이 되죠. 그렇다면 산화 구리(CuO)는 어떨까요? 구리 이온(Cu^{2+})과 산화 이온(O^{2-})의 전하는 각각 +2와 −2이므로 산화수도 +2와 −2가 됩니다. 한편 공유 결합 물질의 경우 전기 음성도가 큰 원자가 공유 전자쌍을 모두 가진다고 가정한 다음 각 원자가 가진 전하를 그 원자의 산화수로 정의해주면 됩니다.

공유 결합 물질에서의 산화수

만약 홑원소 물질이 주어졌다면, 전자가 어느 쪽으로도 치우치지 않은 상태와 마찬가지이므로 이때 해당 원소의 산화수는 0이 됩니다. 예를 들어 금속 나트륨(Na)이나 염소 기체(Cl_2)의 경우 나트륨과 염소의 산화수는 모두 0이 되죠. 이렇게 각 물질 속에서 산화수를 결정할 때에는 다음과 같은 규칙을 따르게 됩니다.

산화수 결정 규칙

1. 홑원소 물질(원소)의 산화수는 0이다.
  예) H_2, O_2, N_2, Fe, C 의 산화수 : 0

2. 단원자 이온의 산화수는 그 이온의 전하와 같다.
  예) Na^+: +1, Ca^{2+}: +2, Cl^-: -1, O^{2-}: -2

3. 다원자 이온인 경우 각 원자의 산화수 합은 그 이온의 전하와 같다.
  예) CO_3^{2-}: 탄소(C)의 산화수(+4) + 산소(O)의 산화수(-2)×3 = -2

4. 중성 화합물에서 각 원자의 산화수의 합은 0이다.
  예) 물(H_2O): 수소(H)의 산화수 (+1) X 2 + 산소(O)의 산화수(-2) = 0

5. 화합물에서 1족, 2족, 13족 금속 원소의 산화수는 +1, +2, +3이다.

6. 화합물에서 플루오린(F)의 산화수는 항상 -1이다.

7. 화합물에서 수소(H)의 산화수는 +1이지만, 금속 수소화물의 경우 금속의 산화수가 +값을 가져야 하므로 예외가 나타난다.
  예) 수소화 리튬(LiH): 리튬(Li)의 산화수 (+1) + 수소의 산화수(-1) = 0

8. 화합물에서 산소(O)의 산화수는 -2이지만, 플루오린(F) 화합물이나 과산화물에서는 예외가 나타난다.
  예) 이플루오린화 산소(OF_2): 플루오린(F)의 산화수 (-1)×2+ 산소의 산화수 (+2) = 0, 과산화수소(H_2O_2): 수소(H)의 산화수(+1)×2 + 산소의 산화수 (-1)×2 = 0

원자의 산화수는 각 원소가 가지는 전자 배치와 관련이 있습니다. 원자 번호가 20번 이하인 경우 각 원자의 최고 산화수는 원자가(原子價) 전자 수를 넘지 못하죠. 다시 말해 가장 바깥 전자껍질에 있는 전자를 1개씩 잃는다고 가정할 때 이들은 마치 양이온이 되는 것과 같이 (+) 값의 산화수를 가지게 되요. 즉, 최대로 잃을 수 있는 전자 수가 원자가(原子價) 전자 수만큼이라는 의미죠. 예를 들어 원자 번호 7번인 질소(N)[33]는 원자가(原子價) 전자 수가 5이므로 최고 산화수는 +5이며, 17번인 염소(Cl)[34]의 최고 산화수는 +7이 됩니다. 따라서 다음 그림[35]과 같이 산화수가 나타나게 되지요.

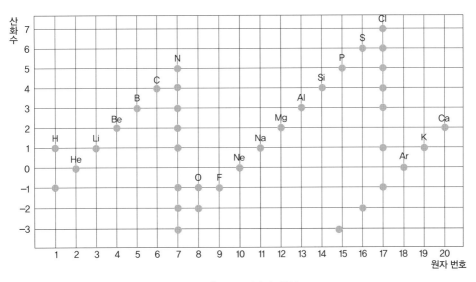

원자 번호 1~20번의 각 산화수

---

33) $_7$N의 전자 배치 : K(2) L(5)

34) $_{17}$Cl의 전자 배치 : K(2) L(8) M(7)

35) 산화수는 줄줄 외워야 하는 값이 아니라 의미를 이해하고, 산화수를 결정하는 규칙만 알아두면 됨.

여기서 재미있는 현상은 한 원자가 어떤 원소와 결합하느냐에 따라 다양한 산화수를 가질 수 있다는 건데요. 다시 말해 이산화 탄소(CO_2)의 경우 산소(O)의 전기 음성도가 탄소(C)보다 크므로 공유 전자쌍을 산소가 모두 가진다고 가정하면 산소(O)의 산화수는 -2가 되고, 탄소(C)는 $+4$가 됩니다.

왜 그럴까?

탄소의 산화수를 x로 둔다면 화합물을 구성하는 모든 원소의 산화수 합이 0이어야 하므로 관계식 $x+(-2)\times2=0$이 성립해요. 따라서 $x=+4$가 되지요.

한편 메테인(CH_4)의 경우엔 탄소(C)가 수소(H)보다 전기 음성도가 크므로 모든 공유 전자쌍을 탄소가 가진다고 가정할 수 있어요. 따라서 수소(H)의 산화수는 $+1$이며 탄소(C)의 산화수는 -4가 되죠.

왜 그럴까?

탄소의 산화수를 y로 둔다면 화합물을 구성하는 모든 원소의 산화수 합이 0이어야 하므로 관계식 $y+(+1)\times4=0$이 성립합니다. 따라서 $y=-4$가 되죠.

이산화 탄소(CO_2)		메테인(NH_4)	
δ^- δ^+ δ^- O → C → O	공유 전자쌍 모두를 O가 가진다고 가정한다. $\cdots^{-2}$ $\uparrow^{+4}$ $\cdots^{-2}$:O::C::C:	H(+1), H:C:H, H(+1) 등	공유 전자쌍 모두를 C가 가진다고 가정한다.

이산화 탄소(CO_2)와 메테인(CH_4)의 산화수

자, 이번에는 산화수를 이용하여 산화·환원 반응을 해석해보도록 하겠습니다. 앞에서 다룬 화석 연료의 연소 과정을 화학 반응식으로 적어보면 다음과 같은데요.

$$CH_4 + 2O_2 \rightarrow CO_2 + 2H_2O$$

각 화합물을 구성하는 원소들의 산화수도 다음과 같이 구할 수 있습니다.

$$CH_4 + 2O_2 \rightarrow CO_2 + 2H_2O$$
$$\text{-4(+1)×4} \quad 0 \qquad \text{+4(-2)×2} \quad \text{(+1)×2-2}$$

이때 반응 전과 후의 각 원소의 산화수 변화를 통해 산화·환원 반응을 알아보면, 먼저 탄소(C)의 산화수는 '-4에서 +4로 증가'하고, 수소(H)의 산화수는 '+1'로서 변함이 없습니다. 한편 산소(O)의 산화수는 '0에서 -2로 감소'하였죠. 우리는 산소와 결합하는 반응을 산화 반응이라고 표현했으므로 메테인의 탄소가 산소와 결합하는 과정에서 탄소의 산화수가 증가함을 알 수 있습니다. 따라서 산화수가 증가하는 반응을 '산화 반응'이라고 표현할 수 있지요. 반면 '환원 반응'은 산화 반응이 다시 되돌아가는 반응에 해당하므로 산화수가 감소하는 반응을 의미하겠죠? 앞에서 다룬 무색의 질산 은($AgNO_3$) 수용액에 구리(Cu) 판을 넣었을 때의 변화에 대해 산화수 변화로 다시 한 번 살펴보면 다음과 같습니다.

$$Cu + 2AgNO_3 \rightarrow Cu(NO_3)_2 + 2Ag$$
$$0 \qquad +1 \qquad\qquad +2 \qquad\qquad 0$$

구리(Cu)의 산화수는 0에서 +2로 증가하였고, 은(Ag)의 산화수는 +1에서 0으로 감소하였으므로 구리(Cu)는 산화되고 은 이온(Ag^+)은 환원됨을 알 수 있죠. 이때 놓치지 말아야 할 중요한 포인트가 있습니다. 산화·환원 반응은 언제나 동시에 일어난다는 사실! 즉, 주어진 반응에서 잃은 전자 수와 얻은 전자 수가 같아야 한다는 의미예요. 구리의 경우 중성 원자 상태인 금속 원소 1개가 전자 2개를 잃고 양이온이 되었다면 은 이온(Ag^+)의 경우 이온 2개가 1개씩 총 2개의 전자를 얻어 중성 원자인 은(Ag)으로 석출된다는 의미입니다. 산화수 변화로 보자면 '0 → +2'로 산화수 증가가 일어난 만큼 '(+1)×2 → 0'으로 산화수 감소가 일어난다는 뜻이죠.

다음은 철의 제련 과정과 관련된 산화·환원 반응식인데요. 이 경우에도 각 물질 속 산화수 변화를 통해 산화·환원 반응의 의미를 알 수 있습니다.

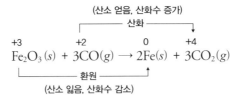

마지막으로 용어 하나만 정리하고 문제를 풀어보도록 합시다. 위 반응식과 같이 일산화 탄소(CO)는 산화수가 증가하는 산화 반응의 주인공이고, 삼산화 이철(Fe_2O_3)은 산화수가 감소하는 환원 반응의 주인공인데요. 이렇게 자신은 산화하면서 다른 물질을 환원시키는 물질을 '환원제'라고 합니다. 그렇다면 자신은 환원되면서 다른 물질을 산화시키는 물질은 뭐라고 할까요? 그렇죠! 바로 '산화제'입니다. 즉, 일산화 탄소는 환원제가 되고, 삼산화 이철은 산화제가 되는 셈이죠.

다음은 이산화 황(SO_2)과 관련된 반응의 화학 반응식이다.

(가) $SO_2(g) + 2H_2S(g) \rightarrow 2H_2O(l) + 3S(s)$

(나) $SO_2(g) + \dfrac{1}{2}O_2(g) \rightarrow SO_3(g)$

이에 대한 설명으로 옳은 것만을 〈보기〉에서 있는 대로 고른 것은?

〈보기〉
ㄱ. (가)에서 H_2S는 산화된다.
ㄴ. SO_2은 (가)에서 환원제이고, (나)에서 산화제이다.
ㄷ. (가)와 (나)에서 S의 산화수가 가장 큰 것과 가장 작은 것의 차는 6이다.

① ㄱ   ② ㄷ   ③ ㄱ, ㄴ   ④ ㄴ, ㄷ   ⑤ ㄱ, ㄴ, ㄷ

정답: ①

"쌤, 문제에 나온 화학 반응식이 너무 생소한데요?" 하지만 전혀 어려워하실 필요 없습니다. 새롭게 느껴지는 화학 반응식이 나오더라도 배웠던 내용을 떠올리며 산화수 값만 쏙쏙 넣어보면 쉽게 해결할 수 있거든요. 먼저 각 화학 반응식에 포함된 각 원소의 산화수를 살펴볼게요.

(가) $SO_2(g) + 2H_2S(g) \rightarrow 2H_2O(l) + 3S(s)$
$\quad$ +4(-2)×2 $\quad$ (+1)×2 $\;$ −2 $\quad$ (+1)×2 $\;$ −2 $\quad$ 0

(나) $SO_2(g) + \dfrac{1}{2}O_2(g) \rightarrow SO_3(g)$
$\quad$ +4 (-2)×2 $\quad$ 0 $\quad\quad$ +6 (-2)×3

이때 각 화학 반응식에서 산화수가 변화하지 않은 원소는 산화·환원 반응의 주인공이 아니므로 그들을 지우고 살펴보면 훨씬 쉽게 이해할 수 있겠죠?

(가) $SO_2(g) + 2H_2S(g) \longrightarrow 2H_2O(l) + 3S(s)$

$\quad\quad$ +4 $\quad\quad$ −2 $\quad\quad\quad\quad\quad\quad\quad$ 0

(나) $SO_2(g) + \dfrac{1}{2}O_2(g) \longrightarrow SO_3(g)$

$\quad\quad$ +4 $\quad\quad\quad$ 0 $\quad\quad\quad$ +6 (-2)×3

먼저 (가)의 경우 이산화 황(SO_2)과 황화 수소(H_2S)의 황(S)의 산화수가 각각 변했음을 알 수 있습니다. 즉, 이산화 황(SO_2)의 경우 '+4에서 0으로 감소'하는 환원 반응이, 황화 수소(H_2S)의 경우 '−2에서 0으로 증가'하는 산화 반응이 일어난 것이죠. (나)는 어떤가요? 이산화 황(SO_2)의 경우 황(S)의 산화수는 '+4에서 +6으로 증가'하는 산화 반응이, 산소(O_2)의 경우 '0에서 −2로 감소'하는 환원 반응이 진행되었음을 알 수 있습니다. 따라서 이산화 황(SO_2)의 경우 (가)에서는 환원 반응이 일어났으므로 산화제로서의 역할을 한 것이고, (나)에서는 산화 반응이 일어났으므로 환원제가 된 것이죠. 한편, (가)와 (나)에서 황(S)의 산화수는 +4, −2, 0, +6이므로 산화수가 가장 큰 +6과 가장 작은 −2의 차는 +8이 됩니다.

생활 속의 산화·환원반응

지금까지 산화·환원 반응의 정의에 대해 공부했는데요. 생활 속에서 다양하게 나타나는 산화·환원 반응에 대해 이야기해봅시다. 앞서 다루었던 광합성과 호흡 과정, 그리고 철의 제련과 철의 부식 과정도 모두 이 반응에 포함되는데요.

$$\overset{\overbrace{\qquad\qquad \text{산화} \qquad\qquad}}{6CO_2 + 6H_2O \rightarrow \underset{\underbrace{\qquad\qquad \text{환원} \qquad\qquad}}{C_6H_{12}O_6} + 6O_2}$$

$$\overset{\overbrace{\qquad\qquad \text{산화} \qquad\qquad}}{C_6H_{12}O_6 + 6O_2 \rightarrow \underset{\underbrace{\qquad\qquad \text{환원} \qquad\qquad}}{6CO_2} + 6H_2O}$$

광합성과 호흡

이 중 철의 제련 과정을 좀 더 자세히 살펴볼까요? 약 1500℃에 달하는 제철소의 뜨거운 용광로, 그 안에서 철광석(Fe_2O_3, Fe_3O_3)과 코크스(C)[36] 그리고 석회석($CaCO_3$)이 반응하여 생활 속에서 다양하게 사용되는 철(Fe)로 탈바꿈됩니다. 그 과정을 살짝 엿보면 먼저 용광로 속에서 코크스는 불완전 연소되어 일산화 탄소(CO)가 되고, 이들에 의해 철광석이 환원되어 순수한 철(Fe)이 얻어집니다. 이때 철광석 속에는 불순물이 포함되어 있는데요. 바로 지각을 구성하는 성분 원소에 해당하는 이산화 규소(SiO_2)입니다. 이산화 규소는 석회석($CaCO_3$)이 열분해되어 생성된 산화 칼슘(CaO)에 의해 슬래그($CaSiO_3$)[37]의 형태로 제거됩니다.

---

36) 코크스(C) : 석탄을 열 분해시켜 만드는 고체 연료로 주성분은 탄소(C)이다.

37) 슬래그 : 용융된 철은 바닥에 가라앉고 슬래그는 철보다 밀도가 작아 철 위에 떠 있게 되는데, 이때 회수된 슬래그는 시멘트, 도로 포장 등의 재료로 사용된다.

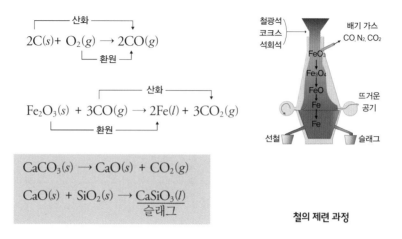

$$2C(s) + O_2(g) \rightarrow 2CO(g)$$

산화 / 환원

$$Fe_2O_3(s) + 3CO(g) \rightarrow 2Fe(l) + 3CO_2(g)$$

산화 / 환원

$$CaCO_3(s) \rightarrow CaO(s) + CO_2(g)$$

$$CaO(s) + SiO_2(s) \rightarrow \underset{슬래그}{CaSiO_3(l)}$$

철광석 코크스 석회석 / 배기 가스 CO, N_2, CO_2 / FeO_3 / Fe_3O_4 / FeO / Fe / Fe / 뜨거운 공기 / 선철 / 슬래그

철의 제련 과정

이번에는 철의 부식 과정을 살펴볼까요? 철의 부식은 공기 중의 산소와 물이 철과 반응하면서 전자를 잃고 산화하여 붉은 색의 녹이 형성되는 현상인데요. 산소나 물만 있어도 철의 부식이 일어나지만, 물과 산소가 함께 있는 조건이라면 부식이 더 잘 일어나게 됩니다. 이 과정을 화학 반응식으로 살펴보면 다음과 같아요. 산화수가 증가하는 물질은 철에 해당하므로 철의 산화 반응이 일어난 것이고, 산화수가 감소하는 물질은 산소에 해당하므로 환원 반응이 일어났음을 알 수 있습니다.

○ 산화: $2Fe \rightarrow 2Fe^{2+} + 4e^-$
○ 환원: $2H_2O + O_2 + 4e^- \rightarrow 4OH^-$
○ $Fe^{2+} + 2OH^- \rightarrow Fe(OH)_2$
○ $2Fe(OH)_2 + \frac{1}{2}O_2 \rightarrow Fe_2O_3 \cdot xH_2O$(녹)

O_2 / 물방울 / 녹 $(Fe_2O_3 \cdot 3H_2O)$ / O_2 / Fe^{3+} / Fe^{2+} / O_2 / 철 / e^-

철의 부식 과정

한편 이 과정에서 물에 전해질이 녹아 있으면 철의 부식이 더 빨리 일어나는데요. 전해질이 녹은 물이 자동차의 철판에 닿을 경우 녹이 빨리 생기기 때문에 눈 오는 날 제설제를 뿌린 도로를 달린 자동차를 바로 세차해주는 것이

좋답니다. 또 해변 지역에서 중고차 시장을 찾아보기 힘든 것도 같은 맥락에서 이해할 수 있지요.

그렇다면 철이 부식되는 걸 가만 보고만 있어야 할까요? 철이 부식되는 요인을 알았다면 이를 방지하여 철의 부식을 막아야겠죠? 우선 철의 부식을 일으키는 산소와 물을 차단하면 됩니다. 철의 표면에 페인트, 기름, 에나멜을 칠해주면 되지요. 금속을 칠해줄 때도 있습니다(도금). 철에 주석을 입힌 양철이나 아연을 입힌 함석이 그에 해당합니다. 한편 철보다 반응성이 큰 금속(마그네슘이나 아연 등)을 철에 부착해서 철보다 먼저 산화되도록 하는 방법도 있어요. 일명 음극화 보호의 원리인데요. 땅속에 매장된 연료 탱크나 철제 가스관, 배의 선체에 부착하는 아연 조각이 그 예입니다.

철 표면에 페인트 칠을 하는 모습   함석 지붕과 양철 통조림

가스관에 마그네슘이 연결되어 있다.   배의 바닥에 아연이 부착되어 있다.   주유소의 기름 탱크에 마그네슘이 연결되어 있다.

이 밖에도 철에 다른 금속을 혼합하여 부식이 잘 되는 철의 성질을 바꿔버리는 방법인 합금을 이용하기도 합니다. 부엌에서 요리할 때 주로 쓰는 조리기구 중에는 스테인리스강(일명 '스텡'이라고도 하죠!)으로 만들어진 것들이 많은데요. 합금은 철에 크로뮴(Cr), 니켈(Ni) 등을 혼합하여 만든 것으로 녹이 잘 슬지 않고 매우 단단한 성질이 있답니다.

스테인리스강으로 만든 조리기구

이번 시간에는 산소와의 만남과 헤어짐으로 인해 생기는 산화·환원 반응에 대해 알아보았는데요. 책에 언급한 사례 외에도 우리의 일상에서 등장하는 산화·환원 반응에는 어떤 게 있을지 한번 찾아보세요. 역사에 관심이 많은 친구들은 산화·환원 반응의 원리를 적용해 문화재 보존이 어떻게 이루어지고 있는지 찾아보는 것도 재미있을 것 같네요.

미라클 키워드

· 산화·환원 반응

구분	산화 반응	환원 반응
산소	원소나 화합물이 산소와 결합하는 반응	산화물이 산소를 잃는 반응
전자	원자나 이온이 전자를 잃는 반응	원자나 이온이 전자를 얻는 반응
산화수	산화수가 증가하는 반응	산화수가 감소하는 반응
동시성	산화·환원 반응은 항상 동시에 일어난다. (산소 얻음, 산화수 증가) ┌─── 산화 ───┐ $$\overset{+3}{Fe_2O_3}(s) + 3\overset{+2}{C}O(g) \longrightarrow 2\overset{0}{Fe}(s) + 3\overset{+4}{C}O_2(g)$$ └─── 환원 ───┘ (산소 잃음, 산화수 감소)	

· 산화제와 환원제

① 산화제: 자신은 환원되면서 다른 물질을 산화시키는 물질

② 환원제: 자신은 산화되면서 다른 물질을 환원시키는 물질

· 광합성과 호흡에서의 산화·환원 반응

광합성	호흡V
┌─── 산화 ───┐ $6CO_2 + 6H_2O \longrightarrow C_6H_{12}O_6 + 6O_2$ └─── 환원 ───┘	┌─── 산화 ───┐ $C_6H_{12}O_6 + 6O_2 \longrightarrow 6CO_2 + 6H_2O$ └─── 환원 ───┘

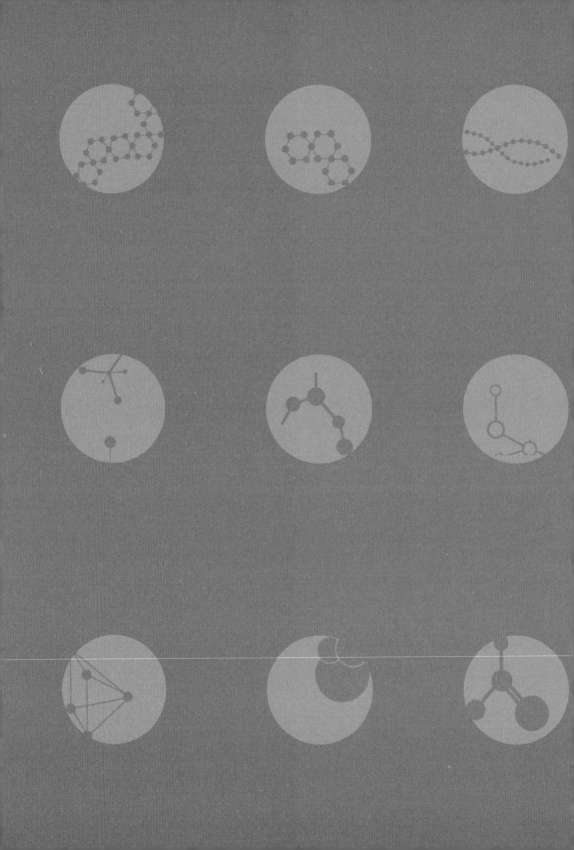

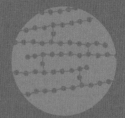

13

신맛과 쓴맛의 만남,
중화 반응

여름철 별미인 냉면을 먹을 때는 으레 식초를 넣게 됩니다. 육수의 진한 맛과 어우러지는 식초의 새콤한 맛은 우리의 입맛을 돋워주지요. 또 겨울철 대표 과일인 귤을 먹을 때에도 과즙 속의 달콤함과 시트르산(구연산)의 상큼한 맛을 느낄 수 있습니다. 우리 주변에는 신맛을 내는 많은 종류의 산이 있습니다. 우리 몸에 꼭 필요한 비타민 C인 아스코르브산을 포함해, 즐겨 마시는 탄산 음료에도 들어 있고, 단백질의 소화를 돕기 위해 분비되는 위액 속 염산도 그 예에 해당하지요.

식초의 새콤한 맛이 돋보이는 시원한 냉면

한편 생활 속에서 찾아볼 수 있는 염기성 물질에는 무엇이 있을까요? 생선 구이를 하거나 찜 요리를 할 때면 항상 비린내 때문에 골머리를 썩죠. 이때 우리의 코를 자극하는 비린내는 트라이메틸아민이라는 염기성 물질에 해당합니다. 또 속이 쓰릴 때 복용하는 제산제 성분(수산화 마그네슘, 탄산수소 나트륨 등)도, 비누의 주성분(수산화 나트륨, 수산화 칼륨 등)도 염기성 물질에 포함되죠. 자, 그렇다면 이번 시간에는 신맛의 주인공인 산과 쓴맛의 주인공인 염기에 대해 좀 더 자세히 살펴보도록 하겠습니다.

.

새콤한 산의 성질

먼저 우리에게 익숙한 산의 화학식을 말해볼까요? 염산(HCl), 황산(H_2SO_4), 질산(HNO_3), 탄산(H_2CO_3), 그리고 아세트산(CH_3COOH) 등이 있죠? 화학식을 살펴보면 이들은 모두 수소(H)를 포함하고 있는데요. 가만 생각해보니 물(H_2O)도 수소를 포함하네요. 하지만 물은 산성이 아니랍니다. 그렇다면 산성인 물질은 어떤 특성이 있을까요? 이들은 수용액에서 물에 녹아 수소 이온(H^+)을 내놓는 물질로 정의할 수 있습니다. 또한 신맛이 나고 수용액에서 이온화하므로 전류가 흐르는 전해질의 역할을 하지요. 그뿐만 아니라 수소보다 반응성이 큰 금속과 반응하면 수소 기체가 발생하고, 탄산 칼슘($CaCO_3$)과 같은 탄산 염과 반응하면 이산화 탄소(CO_2) 기체가 발생합니다.

$$Mg(s) + 2HCl(aq) \rightarrow MgCl_2(aq) + H_2(g)$$

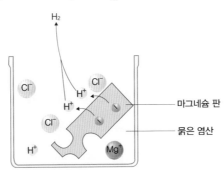

염산과 마그네슘(Mg)의 반응 모형

이 과정은 집에서 간단하게 실험해볼 수 있는데요. 달걀을 식초에 넣으면 달걀 껍질의 주성분인 탄산 칼슘이 식초 속 수소 이온과 반응하면서 이산화 탄소 기체가 발생하는 것을 관찰할 수 있습니다.

$$CaCO_3 + 2CH_3COOH \rightarrow (CH_3COO)_2Ca + H_2O + CO_2\uparrow$$

초란을 만드는 과정

이 밖에도 푸른색 리트머스 종이를 붉게 변화시키며, 메틸 오렌지 용액에는 붉은색을, BTB 용액에는 노란색을, 페놀프탈레인 용액에는 무색을 나타는 공통적인 성질이 있습니다

리트머스 종이	메틸 오렌지	BTB 용액	페놀프탈레인 용액

지시약에 따른 산성 용액의 성질

산이 가지는 공통적인 성질을 '산성'이라 하고, 그 비밀은 화학식에서 찾아볼 수 있습니다. 다음은 산성 물질을 이온화하여 나타낸 표인데요. 모두 수소 이온(H^+)을 포함하고 있죠! 즉, 산성 물질은 공통적으로 수소 이온을 지니므로 동일한 성질을 보였던 것입니다. 그러나 염산(HCl)과 황산(H_2SO_4)은 저마다 다

른 개성을 지닌 산으로 존재하는데요. 그들이 가진 음이온(A⁻)의 종류가 다르기 때문이에요.

산(HA)	→	공통성(H⁺)	+	특이성(A⁻)
HCl	→	H^+	+	Cl^-
H_2SO_4	→	$2H^+$	+	SO_4^{2-}
HNO_3	→	H^+	+	NO_3^-
H_2CO_3	→	$2H^+$	+	CO_3^{2-}
CH_3COOH	→	H^+	+	CH_3COO^-

산의 이온화 과정

또한 산의 종류에 따라 수소 이온의 개수와 수소 이온을 내놓는 정도도 다르게 나타납니다. 예를 들어 수용액에서 거의 대부분 이온화할 경우 수소 이온(H^+)을 많이 내놓기 때문에 이를 강한 산으로 분류하지요. 상대적으로 일부만 이온화할 경우 수소 이온(H^+)을 적게 내놓기 때문에 이를 약한 산으로 분류하고요. 따라서 염산(HCl), 황산(H_2SO_4), 질산(HNO_3) 등은 강한 산에, 탄산(H_2CO_3), 아세트산(CH_3COOH) 등은 약한 산에 속하게 됩니다.

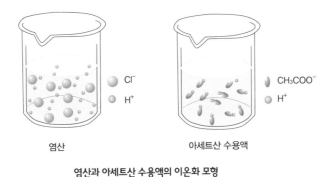

염산   아세트산 수용액

염산과 아세트산 수용액의 이온화 모형

산의 세기에 따라 수용액 속에 녹아 있는 이온 수가 다르다 보니 같은 농도의 수용액이 주어질 경우 두 가지 실험을 통해 산의 세기를 비교할 수 있는데요. 바로 전류의 세기와 금속과의 반응 정도입니다. 같은 농도일 때 강한 산의 다이오드 불빛이 더 밝게 나타나고, 금속과 반응할 경우 수소 기체가 발생하다 보니 강한 산에서 더 많은 기체가 발생되어 풍선의 크기가 달라지거든요. 모두 수용액 속 수소 이온의 수가 그만큼 차이 나기 때문이랍니다.

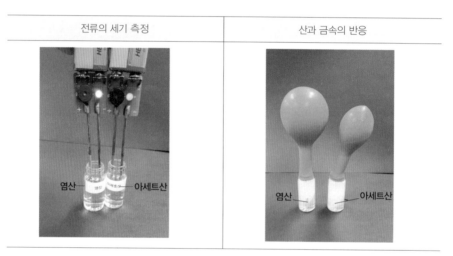

전류의 세기 측정	산과 금속의 반응
염산　　아세트산	염산　　아세트산

산의 세기 비교 실험

쓸쓸한 염기의 성질

염기의 성질에 대해 알아보기 전에 부모님들이 어렸을 때 유행했던 추억의 길거리 음식, 달고나를 소개합니다. 여러분도 먹어본 경험이 있을 것 같은데요. 달고나는 설탕을 넣고 가열하여 녹인 다음 소다 가루를 조금 넣어 만든 맛있는 설탕 과자입니다. 설탕의 달콤함 뒤에 남는 약간 쓸쓸한 뒷맛이 포인트죠. 즉, 달고나를 만들 때 넣어준 소다가 이 쓸쓸한 맛의 주인공인 셈입니다. 소다는 염기성 물질에 해당하는데, 그들의 대표적 성질 중 하나가 바로 쓴맛이에요.

추억의 과자 달고나

그 밖에도 염기만이 가지는 다양한 성질이 있을 텐데요. 화학식을 살펴보면 수산화 나트륨(NaOH), 수산화 칼륨(KOH), 수산화 칼슘($Ca(OH)_2$), 암모니아수(NH_4OH) 등이 염기성 물질에 해당함을 알 수 있습니다. 이들은 모두 수용액에서 물에 녹아 수산화 이온(OH^-)을 내놓으며, 쓴맛을 내고 수용액에서 이온화하므로 전류가 흐르는 전해질에 해당합니다. 한편 단백질을 녹이는 성질이 있어

손에 닿으면 미끈거리지요. 비누가 손에 묻었을 때 미끈거리는 이유도 바로 이러한 성질 때문입니다.

또한 염기는 산과 마찬가지로 각 지시약에서 공통적인 색깔 변화를 가집니다. 먼저 붉은색 리트머스 종이를 푸르게 변화시키고 메틸 오렌지 용액에서는 노란색을, BTB 용액에서는 푸른색을, 그리고 페놀프탈레인 용액에서는 붉게 변화하는 성질을 보이죠.

리트머스 종이	메틸 오렌지	BTB 용액	페놀프탈레인 용액

지시약에 따른 염기성 용액의 성질

이와 같이 염기가 가지는 공통적인 성질을 '염기성'이라고 표현하는데요. 그 비밀 역시 화학식에서 해결할 수 있습니다. 염기성 물질을 이온화하여 나타낸 표를 보세요. 모두 수산화 이온(OH^-)을 포함하고 있네요. 산과 마찬가지로 염기도 공통적인 이온을 갖고 있으므로 염기성 물질이 지니는 동일한 성질이 나타난 것입니다. 한편, 서로 다른 염기의 특성은 그들이 가진 양이온(B^+)의 종류가 다르기 때문이에요.

염기(BOH)	$\longrightarrow$	특이성(B^+)	+	공통성(OH^-)
NaOH	$\longrightarrow$	Na^+	+	OH^-
KOH	$\longrightarrow$	K^+	+	OH^-
Ca(OH)₂	$\longrightarrow$	Ca^{2+}	+	$2OH^-$
NH₄OH	$\longrightarrow$	NH_4^+	+	OH^-

염기의 이온화 과정

이때에도 염기의 종류에 따라 수산화 이온의 개수와 이온을 내놓는 정도는 다를 수 있습니다. 즉, 수용액에서 거의 대부분 이온화할 경우 수산화 이온(OH⁻)을 많이 내놓기 때문에 이를 강한 염기로 분류하고, 상대적으로 일부만 이온화할 경우 수산화 이온(OH⁻)을 적게 내놓기 때문에 이를 약한 염기로 분류할 수 있죠. 따라서 수산화 나트륨($NaOH$), 수산화 칼륨(KOH), 수산화 칼슘($Ca(OH)_2$) 등은 강한 염기에 속하고, 암모니아수(NH_4OH) 등은 약한 염기에 속하게 됩니다. 또한 산과 마찬가지로 염기의 세기에 따라 수용액 속에 녹아 있는 이온 수가 다르다 보니 수용액끼리의 세기를 비교할 수 있는데요. 같은 농도일 때 강한 염기의 다이오드 불빛이 더 밝게 나타나는 것을 알 수 있답니다. 수용액 속 수산화 이온의 수가 그만큼 차이 나기 때문이지요.

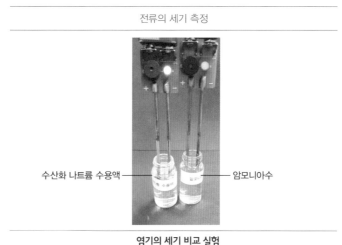

전류의 세기 측정

수산화 나트륨 수용액 ——— ——— 암모니아수

염기의 세기 비교 실험

산과 염기의 정의

신맛의 주인공인 산과 쓴맛의 주인공인 염기! 이제 그들의 매력이 무엇인지 잘 알겠죠? 앞서 언급했듯 수용액에서 수소 이온(H^+)을 내놓는 물질인 산과 수산화 이온(OH^-)을 내놓는 물질인 염기는 1887년 스웨덴의 과학자 아레니우스(Arrhenius, S. A. 1859~1927)에 의해 정의되었답니다. 이때 그의 정의와는 달리 수소 이온은 수용액에서 물과 결합하여 하이드로늄 이온(H_3O^+)의 형태로 존재함이 밝혀지긴 했지만요($H^+ + H_2O \rightarrow H_3O^+$). 한편 수용액이 아닌 상태에서의 산과 염기의 반응은 어떻게 나타날까요? 공중 화장실에서 소변을 보고 나면 코를 찌르는 매캐한 냄새가 나잖아요. 바로 암모니아(NH_3) 냄새인데요. 암모니아도 염기성 물질이지만 화학식에서 알 수 있듯이 수산화 이온을 포함하지 않고 물에 녹아 오히려 수소 이온(H^+)을 빼앗는 역할을 합니다($NH_3 + H_2O \rightarrow NH_4^+ + OH^-$). 따라서 물속에서는 간접적으로 수산화 이온(OH^-)의 농도를 증가시킬 뿐이죠. 이러한 암모니아(NH_3) 기체와 염화 수소(HCl) 기체가 반응하면 흰색의 연기를 내는 염화 암모늄(NH_4Cl)이 생성되는데요($HCl(g) + NH_3(g) \rightarrow NH_4Cl(s)$). 이것 역시 산과 염기의 반응으로 볼 수 있습니다.

이처럼 아레니우스의 정의만으로는 산과 염기를 모두 표현할 수 없었기에 좀 더 확장된 의미의 정의가 필요해졌는데요. 1923년 덴마크의 과학자인 브뢴스테드와 영국의 과학자인 로우리는 각자 보다 확장된 산과 염기의 개념을 제안했습니다. 그들은 수소 이온(H^+)을 기준으로 두고 산과 염기의 정의를 내렸는데요. 즉, 수소 이온을 내놓는 분자 또는 이온을 산이라 하고, 수소 이온을 받아들이는 분자 또는 이온을 염기라고 표현했지요. 이러한 정의에 의해 아레니우스의 정의로는 설명할 수 없었던 물질들도 모두 정의내릴 수 있었답니다. 아래의 반응에서 알 수 있듯이 염화 수소는 암모니아에게 수소 이온을 내주므로 산이 되고, 암모니아는 수소 이온을 받아들이므로 염기가 되는 것이죠.

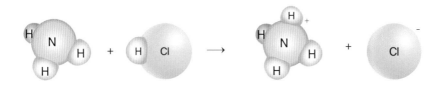

여기서 흥미로운 것은 물의 역할입니다. 염화 수소가 물에 녹는 과정에서 물은 수소 이온을 받아들이므로 염기에 해당하고, 암모니아가 물에 녹는 과정에서는 수소 이온을 내어주므로 산에 해당하죠. 물처럼 산으로도 작용할 수 있고, 염기로도 작용할 수 있는 물질을 양쪽성 물질이라고 합니다.

다음은 염기의 정의의 예와 몇 가지 화학 반응식을 나타낸 것이다.

[염기의 정의의 예]
○ 아레니우스 염기(BOH): BOH(aq) → B$^+$(aq) + OH$^-$(aq)
○ 브뢴스테드-로우리 염기(B): B+HA → BH$^+$+A$^-$

[화학 반응식]
(가) NaOH(s) $\xrightarrow{H_2O}$ Na$^+$(aq) + OH$^-$(aq)
(나) NH$_3$(g) + HCl(aq) → NH$_4^+$(aq) + Cl$^-$(aq)
(다) HCl(g) + H$_2$O(l) → H$_3$O$^+$(aq) + Cl$^-$(aq)

(가)~(다)에 대한 설명으로 옳은 것만을 〈보기〉에서 있는 대로 고른 것은?

〈보기〉
ㄱ. (가)에서 NaOH은 아레니우스 염기이다.
ㄴ. (나)에서 NH$_3$는 아레니우스 염기이다.
ㄷ. (다)에서 H$_2$O은 브뢴스테드-로우리 염기이다.

① ㄱ　　② ㄴ　　③ ㄱ, ㄷ　　④ ㄴ, ㄷ　　⑤ ㄱ, ㄴ, ㄷ

정답: ③

　　여러분의 머릿속에 쏙쏙 정리된 산과 염기의 정의를 떠올리며 문제를 쉽게 풀었으리라 생각합니다. 그럼 복습의 차원에서 함께 풀어볼까요? 먼저 (가)에서 수산화 나트륨(NaOH)은 수용액 속에서 수산화 이온을 내놓으므로 아레니우스 염기에 해당하지만, (나)에서 암모니아(NH$_3$)는 수용액 조건도 아니고, 수산화 이온을 포함하고 있지 않으므로 아레니우스의 염기로 정의할 수 없습니다. 그 대신 수소 이온을 받아들이므로 브뢴스테드-로우리의 염기가 되는 것이죠. 한편 (다)의 경우 물(H$_2$O)은 염화 수소(HCl)로부터 수소 이온을 받아들이므로 브뢴스테드-로우리의 염기로 정의할 수 있어요.

산과 염기의 중화 반응

자, 그렇다면 신맛을 내는 산과 쓴맛을 내는 염기를 반응시키면 어떤 변화가 나타날까요?

HCl 수용액   NaOH 수용액   혼합 용액

묽은 염산(HCl)과 수산화 나트륨(NaOH) 수용액의 반응 모형

먼저 우리가 실험실에서 많이 접하는 산과 염기인 염산(HCl)과 수산화 나트륨(NaOH) 수용액을 반응시켜볼 텐데요. 이들의 반응식을 살펴보면, 각 물질은 이온화하므로 수소 이온(H^+)과 수산화 이온(OH^-)이 만나 물이 형성되고, 산의 음이온이었던 염화 이온(Cl^-)과 염기의 양이온이었던 나트륨 이온(Na^+)은 염을 형성하게 됩니다. 정리해보면 산과 염기가 반응하면 물과 염이 생성되면서 중화열이 발생하는 중화 반응이 일어나는 것을 알 수 있어요.

$$HCl\,(aq) \rightarrow H^+(aq) + Cl^-(aq)$$
$$NaOH(aq) \rightarrow Na^+(aq) + OH^-(aq)$$

전체 반응식: $HCl\,(aq) + NaOH(aq) \rightarrow Na^+(aq) + Cl^-(aq) + H_2O(l)$

알짜 이온 반응식: $H^+(aq) + OH^-(aq) \rightarrow H_2O(l)$

묽은 염산(HCl)과 수산화 나트륨(NaOH) 수용액의 화학 반응식

이때 반응에 실제로 참여하는 수소 이온과 수산화 이온이 만나 물이 형성되는 반응식을 '알짜 이온 반응식'이라 하고, 실제 반응에 참여하지 않고 용액 속에 그대로 남아 있는 이온을 '구경꾼 이온'이라고 합니다. 따라서 주어진 위 반응에서는 염화 이온(Cl^-)과 나트륨 이온(Na^+)이 구경꾼 이온의 역할을 맡는 거죠.

중화 반응에서 재미있는 점은 산의 수소 이온(H^+)과 염기의 수산화 이온(OH^-)이 항상 1:1로 만나야 한다는 사실입니다. 따라서 수소 이온(H^+)의 입자 수가 수산화 이온(OH^-)의 입자 수보다 많을 경우 혼합 용액의 액성은 산성이 되고, 수소 이온(H^+)의 입자 수가 수산화 이온(OH^-)의 입자 수보다 적을 경우 혼합 용액의 액성은 염기성이 되는 것이죠. 표와 같이 산의 수소 이온(H^+) 입자 수와 염기의 수산화 이온(OH^-) 입자 수가 혼합 용액 속에서 어떻게 존재하느냐에 따라 용액의 액성이 달라지는 것입니다.

양적 관계	모형	액성
H^+ 몰 수 〉 OH^- 몰 수	H^- 100개 OH^- 50개 → H^- 50개 H_2O 50개	산성
H^+ 몰 수 = OH^- 몰 수	H^- 100개 OH^- 100개 → H_2O 100개	중성
H^+ 몰 수 〈 OH^- 몰 수	H^- 50개 OH^- 100개 → OH^- 50개 H_2O 50개	염기성

수소 이온(H^+) 수와 수산화 이온(OH^-) 수에 따른 혼합 용액의 액성

따라서 산의 수소 이온(H^+)과 염기의 수산화 이온(OH^-)이 모두 반응하여 용액의 액성이 중성이 되는 지점을 중화점이라고 합니다. 또한 이러한 중화점은 용액의 액성 변화에 따라 색깔이 다르게 나타나는 지시약의 색변화를 통해서

도 알 수 있어요. 중화 반응에서는 중화열이 발생하므로 중화점에서 혼합 용액의 온도는 최고점이 되므로 온도 변화를 통해서도 알 수 있습니다. 그 뿐인가요? 산과 염기가 중화 반응하면서 전체 이온 수의 변화가 없더라도 혼합 용액의 부피는 계속 증가하므로 이온의 농도는 감소하게 됩니다. 따라서 중화점에서는 이온의 농도가 가장 작아져 전류의 세기를 측정했을 때 최솟값이 나오게 됩니다. 또, 중화점에서는 가장 많은 양의 물이 생성되므로 더 이상 생성된 물 분자 수가 증가하지 않을 때에도 중화점의 위치를 파악할 수 있답니다.

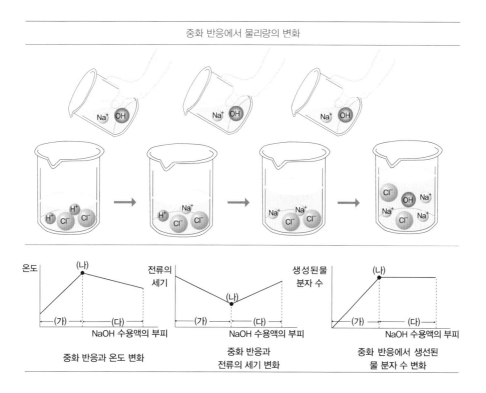

중화 반응에서 물리량의 변화

중화 반응과 온도 변화　　　중화 반응과 전류의 세기 변화　　　중화 반응에서 생선된 물 분자 수 변화

김치찌개의 신맛을 잡아라!

일상 속에서 나타나는 중화 반응의 사례를 한번 찾아볼까요? 여러분은 아침에 일어났을 때 속이 쓰렸던 적이 있나요? 우리의 몸 속 위에서는 단백질의 소화를 돕기 위해 pH2에 해당하는 염산이 분비됩니다. 그런데 위산이 과다하게 분비되면 속이 쓰린데요. 이때 복용하는 약은 제산제로서 수산화 마그네슘, 수산화 알루미늄, 탄산 칼슘 등의 약염기가 주성분인 약품입니다. 다시 말해 제산제를 먹음으로써 위의 산과 중화 반응이 일어나 통증이 완화되는 것이죠.

또 다른 예를 찾아봅시다. 여러분은 머리를 감을 때 샴푸, 비누 중 무엇을 사용하나요? 요즘은 두피 건강을 위해 샴푸 없이 머리를 감는 노푸(nopoo)를 하는 사람도 여기 저기 보이는데요. 현대인들의 대부분은 머리를 감을 때 샴푸를 사용합니다. 일부 환경론자들은 샴푸로 인한 오염 문제로 비누를 사용하기도 하고요. 그런데 비누로 머리를 감으면 비누의 강한 염기성으로 인해 머리카락 각피가 팽창하여 빛이 사방으로 반사되는데요. 이 때문에 머리카락이 부스스해 보이고 윤기도 사라져 뻣뻣해집니다. 하지만 이때 중화 반응의 원리를 이용하면 푸석푸석한 머릿결을 매끈하고 탄력 있게 가꿀 수 있답니다. 바로 식초를 탄 물에 머리를 헹구기만 하면 되지요. 즉 염기와 산의 중화 반응으로 찰랑찰랑 윤기 나는 머릿결을 만들 수 있다는 사실! 화학이 선사하는 꿀팁입니다.

마지막으로 몇 가지 사례를 더 살펴봅시다. 겨울철 김장 김치, 해를 넘긴 오래된 묵은지로 보글보글 맛있게 끓인 김치찌개를 좋아하나요? 생각만 해도 군침이 돈다고요? 오늘 저녁도 맛있는 김치찌개를 먹어볼까 하지만, 김치가 너무 시어서 도저히 먹을 수 없을 것 같습니다. 이때 우리는 어떻게 해야 할까요? 맞습니다. 중화 반응의 원리를 적용하면 되지요. 빵을 만들 때 사용하는 베이킹 소다는 탄산수소 나트륨으로 이루어진 약염기에 해당하므로 이 소다를 찌개에 조금 넣어주면 중화 반응에 의해 김치의 신맛이 조금 덜해진답니다. 또 산에 올라가 벌에 쏘이면 당황하지 말고 암모니아수를 발라주면 되는데요. 벌의 침 성분은 폼산에 해당하기 때문에 암모니아수의 염기성으로 중화 반응의 원리를 이용해 응급처치를 할 수 있습니다.

자, 지금까지 신맛이 나는 산성과 쓴맛이 나는 염기성, 두 물질이 만나 일으 키는 중화 반응의 원리를 살펴보았습니다. 일상생활 속에서 나타나는 다양한 화학 현상 중 중화 반응의 원리에는 또 어떤 것들이 있을까요? 관심 있게 살펴 보고 여러분이 직접 그 사례를 한번 찾아보세요!

공부가 끝났다고 책을 바로 '탁!' 덮지 마시고, 여러분 주위에 깨알 같이 숨 어있는 과학의 원리를 생각하는 습관을 기른다면 재미있는 과학의 세상으로 가는 문이 눈앞에서 활짝 열릴 거예요.

미라클 키워드

· 산과 염기

구분	산	염기
정의	수용액에서 물에 녹아 H^+을 내는 물질	수용액에서 물에 녹아 OH^-을 내는 물질
특징	−신맛, 수용액에서 전해질 −수소보다 반응성이 큰 금속과 반응하여 수소 기체를 발생 −탄산 칼슘($CaCO_3$)등 탄산염과 반응하면 이산화 탄소 기체가 발생	−쓴맛, 수용액에서 전해질 −단백질을 녹이는 성질이 있어 손에 닿으면 미끈거림.
예	HCl, H_2SO_4, HNO_3, H_2CO_3, CH_3COOH	$NaOH$, KOH, $Ca(OH)_2$, NH_4OH

· 산과 염기의 정의

구분		산	염기
아레니우스	정의	수용액에서 물에 녹아 H^+을 내는 물질	수용액에서 물에 녹아 OH^-을 내는 물질
	한계	수용액 속에서만 적용되며, OH^-을 지니고 있지 않은 염기는 설명할 수 없음.	
브뢴스테드 로우리	정의	수소 이온(H^+)을 내놓는 분자 또는 이온⇒양성자(H^+) 주개	수소 이온(H^+)을 받아들이는 분자 또는 이온⇒양성자(H^+) 받개
	한계	양성자(H^+)를 지니고 있지 않은 산과 염기는 설명할 수 없음 $CaO(s) + SO_2(g) \rightarrow CaSO_3(s)$	

중화 반응

① 수용액에서 산과 염기가 반응하여 물과 염이 생성되는 반응

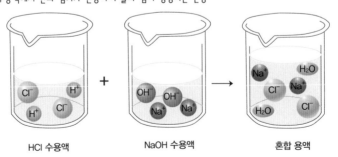

HCl 수용액　　　　　NaOH 수용액　　　　　혼합 용액

$$HCl\,(aq) \longrightarrow H^+(aq) + Cl^-(aq)$$
$$NaOH(aq) \longrightarrow Na^+(aq) + OH^-(aq)$$

전체 반응식 : $HCl\,(aq) + NaOH(aq) \longrightarrow Na^+(aq) + Cl^-(aq) + H_2O(l)$

② 알짜 이온 반응식: $H^+ + OH^- \longrightarrow H_2O$

③ 구경꾼 이온: 실제 반응에 참여하지 않고 용액 속에 그대로 남아 있는 이온

④ 산의 H^+과 염기의 OH^-은 항상 1:1의 개수비로 반응하여 물을 생성

양적 관계	모형	액성
H^+ 몰 수 $>$ OH^- 몰 수	H^+ 100개 OH^- 50개 → H^+ 50개 H_2O 50개	산성
H^+ 몰 수 $=$ OH^- 몰 수	H^+ 100개 OH^- 100개 → H_2O 100개	중성
H^+ 몰 수 $<$ OH^- 몰 수	H^+ 50개 OH^- 100개 → OH^- 50개 H_2O 50개	염기성

⑤ 중화점: 산의 수소 이온(H^+)과 염기의 수산화 이온(OH^-)이 모두 반응하여 용액의 액성이 중성이 되는 지점

· 중화점의 확인: 지시약 색깔, 온도, 전류의 세기, 물 분자 수 변화

원소 기호의 유래, 어느 곳에서 왔니?

• 대륙 혹은 국가 등 지명

원소 번호	원소 기호	유래
21번	Sc(스칸듐)	유럽 스칸디나비아 반도
32번	Ge(저마늄)	독일
38번	Sr(스트론튬)	스코틀랜드 스트론션 마을
63번	Eu(유로퓸)	유럽
71번	Lu(루테튬)	파리의 옛 이름(루테시아, Lutecia)
84번	Po(폴로늄)	폴란드
87번	Fr(프랑슘)	프랑스
95번	Am(아메리슘)	아메리카
97번	Bk(버클륨)	미국 캘리포니아주 버클리
98번	Cf(칼리포르늄)	미국 캘리포니아주

• 과학자들의 이름

원소 번호	원소 기호	유래
64번	Gd(가돌리늄)	J. 가돌린(Yb 이테르븀 원소의 발견자 중 한 사람)
96번	Cm(퀴륨)	마리 퀴리(노벨물리학, 노벨화학상 수상자)
99번	Es(아인시타이늄)	알베르트 아인슈타인(노벨물리학상 수상자)
100번	Fm(페르뮴)	엔리코 페르미(노벨물리학상 수상자)
101번	Md(멘델레븀)	드미트리 멘델레예프(러시아의 화학자, 주기율표 고안)
102번	No(노벨륨)	알프레드 노벨(노벨상 창시자)
103번	Lr(로렌슘)	어니스트 로렌스(노벨물리학상 수상자)
104번	Rf(러더포듐)	어니스트 러더포드(노벨화학상 수상자)
106번	Sg(시보귬)	글렌 테오르 시보그(노벨화학상 수상자)
109번	Mt(마이트너륨)	여류물리학자리제 마이트너(오토 한과 공동 연구 진행)
112번	Cn(코르페니슘)	지동설을 처음 주장한 천문학자 니콜라스 코페르니쿠스

- **신화 및 행성**

원소 번호	원소 기호	유래
2번	He(헬륨)	태양의 신 헬리오스(그리스 신화)
22번	Ti(타이타늄)	타이탄(그리스 신화)
23번	V(바나듐)	사랑의 여신 바나디스(노르웨이 신화)
26번	Fe(철)	화성(라틴어, ferrum)
34번	Se(셀레늄)	달의 여신 셀렌(그리스 신화)
46번	Pd(팔라듐)	소행성 팔라스
58번	Ce(세륨)	외행성 세레스(로마 신화 곡물의 여신)
80번	Hg(수은)	수성(라틴어, Hydrargyrum)
92번	U(우라늄)	하늘의 신 우라노스(그리스 신화)
93번	Np(넵투늄)	바다의 신 넵튠(포세이돈, 그리스 신화)
94번	Pu(플루토늄)	저승의 신 플루토(하데스, 그리스 신화)

- **고대어 등 언어**

원소 번호	원소 기호	유래
17번	Cl(염소)	그리스어 Chloros(황록색)
27번	Co(코발트)	그리스어 Kobals(마귀)
28번	Ni(니켈)	독일어 Nickel(귀신, 밉살스러운 녀석)
31번	Ga(갈륨)	Gallia(프랑스의 옛 라틴어 명칭)
51번	Sb(안티모니)	라틴어 stibium(눈 화장용 휘안석)
72번	Hf(하프늄)	Hafnia(항구, 덴마크 수도 코펜하겐의 라틴어 명칭
73번	Ta(탈륨)	라틴어 thallus(녹색)
76번	Os(오스뮴)	그리스어 osme(냄새)
108번	Hs(하슘)	Hassias(독일 헤센주의 라틴어 이름)

자연은 모든 종류의 물질의 합성과 분해가 이루어지는 거대한 화학 실험실이다.

- 앙투안 라부아지에 -